江苏省一流本科专业教育技术学系列教材

教育机器人

王运武　编著

本书是 2018 年度江苏高校哲学社会科学研究重点项目"人类命运共同体视野下'一带一路'国家信息化发展现状及协同推进战略研究"（项目编号：2018SJZDI176）、2018 年度江苏省现代教育技术研究重点课题"智慧校园与智慧学习环境建设研究"（项目编号：2018-R-60658）、江苏高校优势学科建设工程资助项目"江苏高校教育技术学品牌专业"研究成果

科 学 出 版 社

北 京

内 容 简 介

"教育机器人"是教育技术学专业的新兴核心课程，倡导"创课"教育理念，创新课程教学形态，以"师生共创课程教学内容、共同探讨教学方式、共同分享学习经验、共同创新课程作品"为基本指导思想，强化研创活动设计，重点培养学生的教学能力、表达能力、资源创作能力、文献检索能力、数字化学习能力、创新思维、创新能力、科学研究能力等。本书主要内容包括机器人概述、教育人工智能、教育机器人发展现状、机器人教育、飞行机器人、早教机器人、模块化教育机器人、仿人机器人。

本书可以作为"教育机器人"课程教材或参考书，也可以作为教育机器人研究者和实践者的参考资料。

图书在版编目（CIP）数据

教育机器人/王运武编著. —北京：科学出版社，2020.10
江苏省一流本科专业教育技术学系列教材
ISBN 978-7-03-066364-1

Ⅰ.①教… Ⅱ.①王… Ⅲ.①智能机器人–高等学校–教材 Ⅳ.①TP242.6

中国版本图书馆 CIP 数据核字（2020）第 198124 号

责任编辑：乔宇尚　任俊红　孙　曼／责任校对：王萌萌
责任印制：张　伟／封面设计：蓝正工作室

科 学 出 版 社 出版
北京东黄城根北街 16 号
邮政编码：100717
http://www.sciencep.com
北京凌奇印刷有限责任公司 印刷
科学出版社发行　各地新华书店经销
＊

2020 年 10 月第　一　版　　开本：787×1092　1/16
2021 年 1 月第二次印刷　　印张：14 1/4
字数：332 000

定价：69.00 元
（如有印装质量问题，我社负责调换）

前　言

高等教育具有"人才培养、科学研究、社会服务、文化传承与创新"四大功能，其中人才培养是核心，只有培养出高素质的创新人才，才有利于高等教育功能和价值的彰显。瞿振元先生指出，高等教育由大向强转变的根本标志是人才培养质量的整体提升，目前我国高校教学中存在的诸多"教与学"问题，出路在于扎实的教育教学改革①。然而，从全球来看，高等教育评价指标侧重于科研成果的数量和质量，学术界普遍重视科研成果而不是教学经验，"重学术而轻教学"的大学文化成为世界各国大学普遍存在的问题，高等教育人才培养质量并未受到应有的重视。

目前，高校课堂教学频现的"低头族""逃课族""教学与需求脱节""理论与实践脱节""考试评价办法单一""教学方式单调乏味""以体制机制改革代替教学改革"等，已成为高校课堂教学改革中的现实问题，课堂教学已经不能很好地满足学生的个性化学习需求，高校课堂教学变革的呼声不断。

为解决高校课堂教学改革中的现实问题，提升学生的学习兴趣，促进学生深度学习，我们进行了课程教学改革探索，倡导"创课"教育理念，创新课程教学形态。"创课"教育理念践行"主导-主体"教学模式，强调学生的主体地位，突出个性化教学，教师的重要作用是"导"而不是"教"；以"师生共创课程教学内容、共同探讨教学方式、共同分享学习经验、共同创新课程作品"为基本指导思想；教学过程中采用了讲授法、研讨法、任务驱动、问题探究、模拟教学、案例教学、线上与线下相结合等灵活多样的教学方法；强化研创活动设计，重点培养学生的教学能力、表达能力、资源创作能力、文献检索能力、数字化学习能力、创新能力、科学研究能力等。

课程以"开拓学术视野，培养创新思维，提升创新能力、研究能力和实践能力"为指导思想，突出课程的创新性、综合性、应用性和挑战性特点，以培养学生的科学研究能力和科学素养为目标，以建立符合学生认知规律和知识结构的体系、内容为重点，以改革教学模式、学习模式、考核模式为手段，创新课程形态和人才培养模式。

课程培养目标强调能力和创新导向；课程内容强调开拓学术视野、扩大知识容量、注重能力提升；创新课程考核方式，课程考核突出创新思维、创新能力和创新成果考查，注重形成性评价；课程教学方式和学习方式灵活、新颖。创造条件，为学生开展国际化学习、跨学科学习、自主性学习、个性化学习、联通式学习、发现式学习、探究式学习、融合式学习、社会化学习、案例学习、智慧学习等提供有力支持。

---

① 人民网. 深化教学改革，不能用体制机制改革代替[DB/OL]. http://edu.people.com/cn/n/2015/1117/c1053-27823650.html. 2015-11-17.

　　课程教学过程中，教师和学生共同协商选择知识点、技能点，每个学生选择一个或多个知识点、技能点创作课程教学资源，并在课堂上展示交流作品。让每个学生在课程学习过程中都有锻炼和出彩的机会，通过学生的深度参与，提高课程学习效果。教师和学生对交流作品进行点评和评分，评分将作为课程平时成绩。

　　截至 2018 年 6 月，"创课"教育理念已经在"智慧校园规划与实施""教育信息化规划与管理""智慧学习环境设计""学习科学与技术""教育信息化领导力"五门课程中进行了实践应用，取得了良好的教学效果，显著提升了学生的多种能力。

　　学习本课程之前，请学习者思考以下问题：

1. 对"教育机器人"这门课程了解多少？
2. 为什么要学习这门课程？
3. 学习这门课程的期望有哪些？
4. 通过学习本课程，应该掌握哪些知识和技能？
5. 通过什么样的方法和策略才能达成预期的学习目标？
6. 如何考查本课程的学习目标达成情况？
7. 学习本课程，将会对自己的未来发展产生哪些影响？

　　感谢硕士研究生杨萍、李璐、田佳欣、吴若晨、彭梓涵、张尧、王胜远、黄洁对书稿校对所做的工作。感谢科学出版社任俊红等在出版过程中付出的辛苦劳动。

2020 年 8 月于江苏师范大学

目　　录

第1章

机器人概述

学习目标

1. 了解机器人的起源。
2. 掌握机器人原则。
3. 熟悉机器人发展历程。
4. 掌握机器人定义。
5. 了解机器人组成。
6. 掌握机器人评价能力。
7. 掌握机器人分类。
8. 熟悉机器人产业。
9. 了解机器人伦理。
10. 熟悉机器人平台和机器人竞赛。
11. 培养从事教育机器人研究和利用教育机器人开展教学的兴趣。

知 识 点

机器人、机器人原则、机器人伦理学、工业机器人、纳米机器人、液态金属机器人、生物机器人、仿人机器人、情感机器人、软体机器人、微型机器人、机器人关键技术、机器人产业、机器人伦理、恐怖谷伦理、机器人自我繁殖、机器人竞赛。

技 能 点

查阅机器人文献资料,深度分析机器人文献资料,快速掌握机器人领域,评价机器人能力,分析机器人发展趋势。

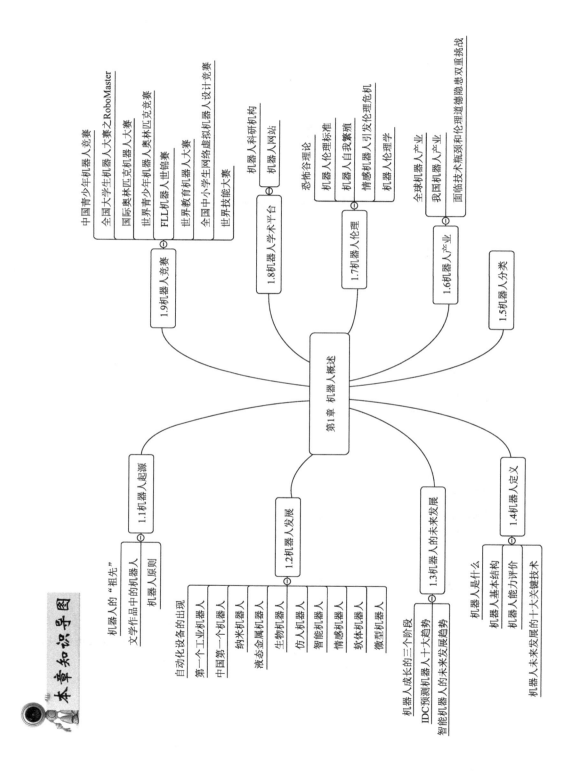

本章知识导图

第1章 机器人概述

1.1机器人起源
- 机器人的"祖先"
  - 文学作品中的机器人
  - 机器人原则

1.2机器人发展
- 自动化设备的出现
  - 第一个工业机器人
  - 中国第一个机器人
  - 纳米机器人
  - 液态金属机器人
  - 生物机器人
  - 仿人机器人
  - 智能机器人
  - 情感机器人
  - 软体机器人
  - 微型机器人

1.3机器人的未来发展
- 机器人成长的三个阶段
  - IDC预测机器人十大趋势
  - 智能机器人的未来发展趋势

1.4机器人定义
- 机器人是什么
  - 机器人基本结构
  - 机器人能力评价
  - 机器人未来发展的十大关键技术

1.5机器人分类

1.6机器人产业
- 全球机器人产业
  - 我国机器人产业
  - 面临技术瓶颈和伦理道德隐患双重挑战

1.7机器人伦理
- 恐怖谷理论
  - 机器人伦理标准
  - 机器人自我繁殖
  - 情感机器人引发伦理危机
  - 机器人伦理学

1.8机器人学术平台
- 机器人科研机构
  - 机器人网站

1.9机器人竞赛
- 中国青少年机器人竞赛
  - 全国大学生机器人大赛之RoboMaster
  - 国际奥林匹克机器人大赛
  - 世界青少年机器人奥林匹克竞赛
  - FLL机器人世锦赛
  - 世界教育机器人大赛
  - 全国中小学生网络虚拟机器人设计竞赛
  - 世界技能大赛

1. 机器人与教育机器人是什么关系？
2. 全球具有影响力的机器人公司有哪些？
3. 中国具有影响力的机器人研究机构有哪些？
4. 世界机器人大会有哪些？
5. 预测机器人的未来发展趋势。
6. 机器人能够为人类提供哪些服务？
7. 如何才能够不违背机器人伦理？
8. 机器人产业对世界经济发展将会产生哪些影响？
9. 分析机器人竞赛现状，并提出改进机器人竞赛的策略。

1.1　机器人起源

- 请查阅古代机器人有哪些。
- 请查阅电影、科幻小说等文学作品中有哪些机器人，这些电影和文学作品对促进机器人发展有什么作用？
- 结合自己对机器人的理解，谈谈如何理解机器人原则。

1. 机器人的"祖先"

机器人的"祖先"可以追溯到两千多年前。古代机器人是古代社会的科学家、发明家研制出的自动机械物体，是现代机器人的鼻祖。自古以来，就有不少杰出科学家、发明家和能工巧匠制造出了具有人类特点或模拟动物特征的机器人雏形。

西周时期，中国的能工巧匠偃师就研制出了能歌善舞的伶人，这是中国最早记载的机器人。据说春秋后期，鲁班制造的木鸟能在空中飞行，"三日不下"。西汉时期，为解汉高祖被匈奴冒顿单于的围困，工匠制作了一个精巧的木机器人。东汉时期，张衡发明地动仪和记里鼓车。三国时期，诸葛亮创造了"木牛流马"。

唐朝时期，洛州的殷文亮制作了一个木机器人，并给她穿上衣服，让这个机器人当女侍者；杭州的工匠杨务廉制作了一个僧人样子的机器人，它手端化缘铜钵，能学僧人化缘；柳州史王据制作了会捉鱼的机器人，这是世界上最早用于生产的机器人。

古人用滴漏计时的方法，其实就是一种自动化设备——水钟。铜壶滴漏是中国古代的自动计时装置，又称漏壶、刻漏、漏刻。铜壶滴漏由两个以上的铜制水壶组成，置于台阶或架上，均有小孔滴水，最下层流入受水壶。受水壶里有立箭，箭上划分一百刻，箭随蓄水逐渐上升，露出刻度，以表示时间。

公元前 250 年，希腊科学家制造了利用虹吸原理使水自动循环的钟。公元 1 世纪，亚历山大时代的古希腊数学家希罗发明了以水、空气和蒸汽压力为动力的机械玩具，它可以自己开门，还可以借助蒸汽唱歌。中世纪，欧洲人发明了由摆控制的钟，18 世纪又发明了用发条控制的钟，随着时间的推移，机器的自动化水平越来越高。

2. 文学作品中的机器人

机器人起源于人们的梦想，其率先通过文学作品得到诠释。1886 年法国作家维里耶德利尔·亚当在小说《未来夏娃》中将外表像人的机器起名为"安德罗丁"（Android），它由四部分组成：生命系统（平衡、步行、发声、身体摆动、感觉、表情、调节运动等）；造型解质（关节能自由运动的金属覆盖体，一种盔甲）；人造肌肉；人造皮肤（含有肤色、肌理等）。这是人们首次对机器人进行的比较完整的描述。

1920 年，捷克作家卡雷尔·卡佩克发表了科幻剧本《罗萨姆的万能机器人》，这是一部让机器人正式进入人类文明的作品，也是英文"robot"一词的诞生处。该剧本的主角是一群叫作"robot"的自动化机器，它们长得跟人一样，但是没有人类的感情，只会做事。"robot"取自捷克语"robota"，"robota"是奴隶的意思，意即这种被称为"robot"的机器可以像奴隶一样干活。该剧的故事情节是随着罗萨姆公司的研究，机器人具有了感情，导致机器人的应用迅速增加，在工厂和家务劳动中，机器人成为必不可少的成员，于是机器人开始造反。卡佩克的剧本提出了机器人的安全、感知和自我繁殖等问题，科学技术的进步很可能引发人类不希望出现的问题，虽然科幻只是一种想象，但人类社会很有可能会面临这种现实。正是这个剧本引起了广泛的社会反响，从此，"robot"一词也就成为机器人的英语专用名词。西语词头"ro""robo"也成为机器人产品名称的特定组成部分，许多机器人产品如 Rode、Minirob、RoboCast，从其名字上就可以看出和机器人相关。

随着文学作品的发展，很多电影/动画片导演将机器人作为科幻电影/动画片的主要题材，拍摄制作了很多有关机器人的电影/动画片，见表 1-1。

表 1-1　机器人相关电影/动画片

序号	电影/动画片名称	机器人主角	年份
1	终结者（第一部）	T-800	1984
2	有情感的机器人	达尔	1985
3	霹雳五号	Number 5	1986
4	机械战警	亚历克斯·墨菲	1987
5	剪刀手爱德华	爱德华	1990
6	机器管家	安德鲁	1999

续表

序号	电影/动画片名称	机器人主角	年份
7	人工智能	大卫	2001
8	机械公敌	桑尼	2004
9	机器人历险记	罗德尼	2005
10	变形金刚(第一部)	汽车人、霸天虎	2007
11	钢铁侠	托尼·史塔克	2008
12	机器人总动员	瓦力	2008
13	我的女友是机器人	Cyborg	2008
14	阿童木	阿童木	2009
15	宝莱坞机器人之恋	七弟	2010
16	铁甲钢拳	亚当	2011
17	机器人启示录	艾克斯	2012(小说改编未拍完)
18	环太平洋	机甲猎人	2013
19	超能陆战队	大白	2014
20	机器人帝国	恐怖机器人	2014
21	超体	露西	2014
22	超能查派	查派	2015
23	机械姬	艾娃	2015

3. 机器人原则

科学技术的进步很可能引发一些人类不希望出现的问题。为了保护人类，早在1942年科幻作家艾萨克·阿西莫夫(Isaac Asimov)就提出了"机器人三原则"，阿西莫夫也因此获得"机器人学之父"的桂冠。

人类如果制造机器人就应当遵循以下三个原则。

第一原则：机器人不得伤害人类，也不能坐视类受到伤害而袖手旁观。

第二原则：机器人必须服从人类的命令，除非这条命令与第一条相矛盾。

第三原则：机器人必须保护自己，除非这种保护与以上两条相矛盾。

阿西莫夫之后，人们不断提出对"机器人三原则"的补充、修正。1974年保加利亚科幻作家 Lyuben Dilov 在小说 *Icarus's Way* 中提出第四原则：机器人在任何情况下都必须确认自己是机器人。

1983年保加利亚科幻作家 Nikola Kesarovski 在 *The Fifth Law of Robotics* 中又提出一个与 Lyuben Dilov 第四原则看似相似实则不同的第五原则：机器人必须知道自己是机器人。

1989年美国科幻作家 Harry Harrison 在 *Foundation's Friends* 中又提出另一个第四原则：机器人必须进行繁殖(指自我进化，或重新组装新机器人，让机器人的生命得到延续)，只要进行繁殖不违反第一原则、第二原则或者第三原则。

1.2　机器人发展

- 阐述机器人的发展史。

1. 自动化设备的出现

第一次工业革命之后，人们发明的自动化设备有了较大的进步，开始出现初级机器人装置。由于蒸汽机的大量使用，人们自然联想到如何控制蒸汽机的运转速度：一台蒸汽机在工作时，负荷会使速度慢下来，这时便需要加大进入汽缸内的蒸汽量，而在空转时，则需要减少，于是产生了调速器。它使蒸汽机的自动化运转程度大大提高。19 世纪末至 20 世纪初，因自动化设备的出现，工人们可以不必一手安放零件，一手调整机器。

2. 第一个工业机器人

20 世纪 60 年代，随着微电子和计算机技术的迅速发展，自动化技术取得了飞跃性的变化，普遍意义上的现代机器人开始出现。1956 年，约瑟夫·恩格尔伯格买下了乔治·德沃尔的"程序化部件传送设备"专利，1957 年，创立了世界第一家机器人公司万能自动公司 Unimation。1959 年，一个重达 2t 但却有着 1/10 000in 精确度的庞然大物诞生，这就是世界上第一个工业机器人尤尼梅特。因此，约瑟夫·恩格尔伯格被誉为机器人之父。

3. 中国第一个机器人

在 1958~1960 年，东南大学的前身南京工学院造出了全国第一个机器人，主持研究的是一位女教授，名叫查礼冠，她是我国机器人事业的先驱者之一，也是东南大学机器人传感与控制技术研究所的奠基人。这台"顽皮的巨人"经过众多师生一个多月的日夜奋战，终于成功出炉了，并且达到当时的国际先进水平。当时机器人造好后，正好赶上当年的"全国文教群英会"，因此机器人还被带到"全国文教群英会"作为献礼。1960年南京工学院研制的机器人在大礼堂门前展出见图 1-1。

图 1-1　中国第一个机器人

4. 纳米机器人

　　1959 年，理论物理学家理查德·费曼率先提出纳米技术的设想，即利用微型机器人治病的想法。1990 年我国著名学者周海中教授在《论机器人》一文中预言：到 21 世纪中叶，纳米机器人将彻底改变人类的劳动和生活方式。

　　"纳米机器人"是机器人工程学的一种新兴科技，纳米机器人的研制属于分子纳米技术(molecular nanotechnology，MNT)的范畴，它根据分子水平的生物学原理，设计制造可对纳米空间进行操作的"功能分子器件"。

　　纳米机器人的设想，是在纳米尺度上应用生物学原理，发现新现象，研制可编程的分子机器人，也称纳米机器人。合成生物学对细胞信号传导与基因调控网络重新设计，开发"在体"(in vivo)或湿软机器人或细胞机器人，从而产生了另一种方式的纳米机器人技术。

　　2018 年，中国科学院国家纳米科学中心与美国亚利桑那州立大学的研究人员共同合作设计的 DNA 纳米机器人，可以在血管中运行，并把治疗肿瘤的药物直接输送到癌细胞，切断其血液供给，最终杀死癌细胞。科学家们通过纳米级折叠技术，将"DNA 分子"折叠成管状的"DNA 纳米机器人"，同时再把癌症治疗药物——凝血酶放置其中。当 DNA 机器人在患者血管内遇到附着的癌细胞时，可以识别癌细胞表面特有的核仁蛋白。这时，DNA 机器人会自动打开，将凝血酶释放至肿瘤上，并在短时间内使肿瘤产生大量的血凝块而死亡。

5. 液态金属机器人

　　2015 年 3 月，中国科学院理化技术研究所、清华大学医学院联合研究小组发表了一篇有关可变形液态金属机器的研究论文,迅速被全球多个知名科学杂志或网站专题报道,引起了热烈反响。

该研究为世界上首次发现一种异常独特的现象和机制，即液态金属可在吞食少量物质后以可变形机器形态长时间高速运动，实现了无需外部电力的自主运动，从而为研制实用化智能马达、血管机器人、流体泵送系统、柔性执行器乃至更为复杂的液态金属机器人奠定了理论和技术基础。自驱动液态金属机器人的问世引申出了全新的可变形机器概念，将显著提速柔性智能机器的研制进程。

柔性机器、可变形机器在材料学和机器学中是一个非常重要的领域，而柔性正是液态金属特有的性质。"液态金属机器"在运动中遇到拐弯时会有停顿，好似略做思索后继续行进；在遇到比"身体"小一点的缝隙时，甚至会"挤过去"。因此自驱动、柔性、可变性是这项技术的三大特点。

6. 生物机器人

2016 年，哈佛大学生物工程和应用科学部门推出了全球首个生物合成机器人——"机器鳐鱼"。该团队通过对鳐鱼的生理机能进行逆向工程，创造出了长 16mm、重 10g 的微型机器人，看上去就像是一个透明硬币和一个尾巴的组合。

该团队首先使用一层透明的弹性聚合物作为主干部分，将大鼠心脏细胞以蛇形图案均匀分布在表面，再对细胞进行基因编码，使其对特定的蓝色闪光产生反应；用黄金制成支撑骨架，因为黄金对附着其上的细胞无抑制作用。

为供养"机器鳐鱼"中的活体细胞，研究人员把它放进充满糖的生理盐水中，并以蓝色的光脉冲对其电击。为更好地控制细胞力量，科研人员使用了细胞图案化技术(微图形化技术)，即在细胞依附的骨架上标出或印上微尺度线条。细胞沿线条整齐排列，这些线能随着细胞的成长指导它们。

此外，研究人员还可以通过改变光的频率来控制"机器鳐鱼"的移动方向，因"鱼身"两侧的细胞所响应的光的频率各不相同，所以如果以某一特定频率的光照射"鱼身"，那么只有一侧的细胞会产生收缩，以此完成转向动作，避开障碍物。

2018 年，日本东京大学等研究团队在 *Science* 和 *Science Robotics* 等期刊上发布成果，他们使用人工培育的肌肉组织和树脂骨骼研发出了一个小型"生物合成机器人"。对这个融合了生物组织的机器人施以电刺激，它就能够像人的手指一样活动。拥有这种"骨骼肌肉组织"的"生物合成机器人"是生物机器人领域的一个新突破，不仅因为它使用了功能齐全的骨骼肌肉组织，还因为它比以往利用独立肌肉组织进行收缩运动的构造更为耐久，克服了独立肌肉组织容易僵硬的缺点，关节部位的活动范围也更大。

7. 仿人机器人

仿人机器人，又称为仿真机器人、类人机器人、人形机器人等。仿人机器人具有人类的外观，可以适应人类的生活和工作环境，代替人类完成各种作业，并可以在很多方面扩展人类的能力，在服务、医疗、教育、娱乐等多个领域得到广泛应用。模仿人的形态和行为而设计制造的机器人就是仿人机器人，一般分别或同时具有仿人的四肢和头部。仿人机器人研究集机械、电子、计算机、材料、传感器、控制技术等多门学科于一体，代表着一个国家的高科技发展水平。

日本、美国、英国等都在研制仿人机器人方面做了大量的工作，并已取得突破性的进展。日本本田公司于 1997 年 10 月推出了仿人机器人 P3，美国麻省理工学院研制出了仿人机器人科戈 (COG)，德国和澳大利亚共同研制出了装有 52 个汽缸、身高 2m、体重 150kg 的大型机器人。本田公司最新开发的新型机器人"阿西莫"，身高 120cm，体重 43kg，它的走路方式更加接近人类。

2000 年 11 月，国防科技大学独立研制出了我国第一台仿人机器人。在 2005 年爱知世博会上，大阪大学展出了一台名叫"Repliee Q1 Expo"的女性机器人。该机器人的外形复制自日本新闻女主播藤井雅子，动作细节与人极为相似。参观者很难在较短时间内发现这其实是一个机器人。

2010 年，Aldebaran Robotics 公司将 NAO 机器人的技术开放给所有的高等教育项目，并成立基金会支持在机器人及其应用领域的教学项目，NAO 成为世界范围内学术领域运用最广泛的类人机器人。NAO 机器人具有 25 个自由度，100 多个传感器，机载电脑，支持 23 国语言，支持远程控制，可实现完全编程。

NAO 机器人具有一定程度的人工智能和情感智商，并能够和人亲切地互动，如同真正的人类婴儿一般拥有学习能力。NAO 机器人还可以通过学习身体语言和表情来推断出人的情感变化，并且随着时间的推移"认识"更多的人，能够分辨这些人不同的行为及面孔。NAO 机器人能够表现出愤怒、恐惧、悲伤、幸福、兴奋和自豪的情感，当它们在面对一个不可能应付的紧张状况时，如果没有人与其交流，NAO 机器人甚至还会为此生气。它的"脑子"可以让它记住以往好的或坏的体验经验。

2010 年，上海世博会陕西馆中展示了以"唐明皇"和"杨贵妃"形象出现的机器人，它们就是娱乐用的类人机器人。世博会期间，这两个高仿真机器人在陕西馆的宫殿大殿内笑脸迎客，并与游客进行影像互动。

2013 年，深圳全智能机器人科技有限公司成立，推出了高智能多语种情侣机器人、高仿真实体娃娃、高智能讲解机器人等 30 余款高仿真人机器人。

2016 年 2 月，俄罗斯开发了一款可以转换无线电传播完美复制人体"一对一动作"的类人机器人，该款机器人可以完美模仿人类进行焊接金属、捏扁易拉罐等简单的动作，甚至连活动频繁的上肢体操运动也能流畅地完成。

8. 智能机器人

智能机器人有相当发达的"大脑"，即中央处理器，可以进行按目的安排的动作。智能机器人具备形形色色的内部信息传感器和外部信息传感器，如视觉、听觉、触觉、嗅觉。除具有感受器外，它还有效应器，作为作用于周围环境的手段，这就相当于筋肉，或称自整步电动机，它使手、脚、长鼻子、触角等动起来。

大多数专家认为智能机器人至少要具备以下三个要素：一是感觉要素，用来认识周围环境状态；二是运动要素，对外界做出反应性动作；三是思考要素，根据感觉要素所得到的信息，思考出采用什么样的动作。

感觉要素包括能感知视觉、接近、距离等非接触型传感器和能感知力、压觉、触觉等接触型传感器。这些要素实质上就相当于人的眼、鼻、耳等五官，它们的功能可以利用诸如摄像机、图像传感器、超声波传感器、激光器、导电橡胶、压电元件、气动元件、行程开关等机电元器件来实现。

从运动要素来说，智能机器人需要有一个无轨道型的移动机构，以适应诸如平地、台阶、墙壁、楼梯、坡道等不同的地理环境。它的功能可以借助轮子、履带、支脚、吸盘、气垫等移动机构来完成。在运动过程中要对移动机构进行实时控制，这种控制不仅包括位置控制，而且要有力度控制、位置与力度混合控制、伸缩率控制等。

智能机器人的思考要素是三个要素中的关键，也是人们要赋予机器人必备的要素。思考要素包括判断、逻辑分析、理解等方面的智力活动。这些智力活动实质上是一个信息处理过程，而计算机则是完成这个处理过程的主要手段。

智能机器人能够理解人类语言，用人类语言同操作者对话，在它自身的"意识"中单独形成了一种使它得以"生存"的外界环境——实际情况的详尽模式。它能分析出现的情况，能调整自己的动作以达到操作者所提出的全部要求，能拟定所希望的动作，并在信息不充分的情况下和环境迅速变化的条件下完成这些动作。

9. 情感机器人

情感机器人就是被赋予了人类式情感的机器人，使之具有表达、识别和理解喜怒哀乐的能力。关于情感机器人的理论就是"人工情感"理论，它有几种不同的表述方式：情感计算(affective computing)、人工心理(artificial psychology)和感性工学(kansei engineering)等。

人工情感包括三个方面：情感识别、情感表达与情感理解(或情感思维)。世界各国的科学家在情感识别与情感表达两个方面所取得的成果非常显著，但在情感理解或情感思维方面却收效甚微。其根本原因在于，到目前为止，没有一个科学家能够真正了解情感的哲学本质及客观目的是什么，没有创立一个全新的、科学的、数学化的情感理论，没有建立一个真正的、情感的数学模型。

日本已经形成举国研究"感性工学"的高潮。1996年日本文部省就以国家重点基金的方式开始支持"情感信息的信息学、心理学研究"的重大研究课题，参加该项目的有十几个大学和研究单位，主要目的是把情感信息的研究从心理学角度过渡到心理学、信息科学等相关学科的交叉融合。每年都召开日本感性工学全国大会。与此同时，一向注重经济利益的日本，在感性工学产业化方面取得了很大成功。日本各大公司竞相开发、研究、生产所谓的个人机器人(personal robot)产品系列。

美国麻省理工学院开展了对"情感计算"的研究，IBM公司实施了"蓝眼计划"和开发"情感鼠标"；2008年4月美国麻省理工学院的科学家们展示了他们开发出的情感机器人"Nexi"，该机器人不仅能理解人的语言，还能够对不同语言做出相应的喜怒哀乐反应，通过转动和睁闭眼睛、皱眉、张嘴、打手势等形式表达其丰富的情感。这款机器人完全可以根据人面部表情的变化来做出相应的反应。

欧洲国家也在积极地研究情感信息处理技术（表情识别、情感信息测量、可穿戴计算等）。德国 Mehrdad Jaladi-Soli 等在 2001 年提出了基于 EMBASSI 系统的多模型购物助手，EMBASSI 系统是以考虑消费者心理和环境需求为研究目标的网络型电子商务系统。英国科学家已研发出名为"灵犀机器人"（Heart Robot）的新型机器人，这是一种弹性塑胶玩偶，其左侧可以看到一个红色的"心"，而它的心脏跳动频率可以变化，通过程式设计的方式，可对声音、碰触与附近的移动产生反应。

我国对人工情感和认知的理论及技术的研究始于 20 世纪 90 年代，大部分研究工作是针对人工情感单元理论与技术的实现。哈尔滨工业大学研究多功能感知机，主要包括表情识别、人脸识别、人脸检测与跟踪、手语识别、手语合成、表情合成、唇读等内容，并与海尔公司合作研究服务机器人。清华大学进行了基于人工情感的机器人控制体系结构的研究。北京交通大学进行多功能感知机和情感计算的融合研究。中国科学院自动化研究所主要研究基于生物特征的身份验证。中国科学院心理研究所、中国科学院生物物理研究所主要注重情绪心理学与生理学关系的研究。中国科学技术大学开展了基于内容的交互式感性图像检索的研究。中国科学院软件研究所主要研究智能用户界面。浙江大学研究虚拟人物及情绪系统构造等。

2016 年，中国科学技术大学发布中国首个人形美女机器人"佳佳"，这也是中国首台特有体验交互机器人。除传统功能性体验之外，首次提出并探索了机器人品格定义，以及机器人形象与其品格和功能协调一致，赋予"佳佳"善良、勤恳、智慧的品格。机器人"佳佳"初步具备了人机对话理解、面部微表情、口型及躯体动作匹配、大范围动态环境自主定位导航和云服务等功能。

2017 年，合肥工业大学发布了情感机器人"任思思"和"任想想"。情感机器人初步具备人机对话、多种面部表情、多模态情感识别与合成、姿态同步互动等功能。机器人装载了情感语义计算系统，机器人与人类对话时，通过已装载的麦克风捕捉到人类的语调，进而结合语料库分析语义；再通过安装在机器人眼部的摄像头，观察人类说话时的面部表情，综合计算分析，就能得知人类的喜怒哀乐。目前，情感机器人全身有 48 个自由度，面部有 12 个自由度，如微笑时是一个自由度，眼皮睁开合上是一个自由度。

10. 软体机器人

2016 年，哈佛大学研发了世界首款能够自主移动的全软体机器人"Octobot"。"Octobot"是首款完全独立的软体机器人，没有硬电子元件，没有电池或计算机芯片，并且也不需要连接计算机就可以自主移动。

"Octobot"是一款柔软的小型机器人，手掌大小，呈章鱼形状，看上去就像是在小孩生日聚会上能够见到的那种新奇的小玩具一样。虽然外形小巧，名字也略显古怪，但"Octobot"的出现却代表着机器人技术取得了巨大的进步。软体机器人是一种新型柔韧机器人，可以仅用空气来驱动。科学家最新研究的软体机器人是采用纸质和硅橡胶制成，能够弯曲、扭转并能抓起比自身重量沉100多倍的物体。软体机器人的设计灵感是模仿人类的内部构造或昆虫的外形架构等，尤其是后者。软体机器人的动力不是靠传统的硬质电动机或马达，而是靠类似人工肌肉的、受电刺激会动的高分子材料来提供的。

作为一项新的交叉研究，软体机器人结合了柔性电子、仿生学、生物学、智能高分子材料、人工智能、3D打印等前沿科学技术。软体机器人有许多优势。它的硬度、柔软度和可拉伸程度跟人体的皮肤和肌肉很接近，当它穿在人身上，跟人互动接触时，亲和性很好。软体机器人受到外界冲击和破坏时不易损伤。软体机器人可通过先进的技术如3D打印等方式来制造，成本比较低廉，可以像硅胶、橡胶等玩具一样被大批量制作。

软体机器人能作为可穿戴的动力护具，如假肢、人造外骨骼。在地震现场，它也可以承担探索和探测的任务。另外，它还可以作为教育用品和玩具。研究人员指出，虽然软体机器人仍处于萌芽和起步阶段，但它或许能在很多领域"大展拳脚"，如维修和检测设备、执行搜救行动及进行环境探测，甚至在医学领域中发挥重要作用。

理论上讲软体机器人可以移动比自身重量沉100倍的物体，所以其运动原理也很特殊，整个机器人并不需要用传统的马达等动力装置驱动，目前研究机构主要有两个方向：第一个方法是模仿人或者动物的肌肉来做动作，第二种就是利用环境的变化来获取动力，如温度、空气及光照等。

因为软体机器人的结构和材料是非线性的，且拥有多自由度，所以机器人的动作任务比刚性机器人更加复杂，这对算法的要求非常高。目前，形态计算是一个研究方向，它能实现多样的物理模型。可以这么理解，形态计算就是机器人的身体可以实现计算任务，不需要外部算法。

软体机器人技术是从生物系统里获得的灵感，是把原来的机器人设计原理与对柔软、有弹性的材料的研究结合起来的结果。很多动植物都拥有弹性的结构，这样它们能够完成很多复杂的动作，包括适应环境等。这些自然体系促进了软体机器人技术的发展，对原件几何的细心设计，可以把各种复杂动作"预先编程"为弹性材料。而且，这种软体机器人很适合与人类互动，从打理日常生活到进行微创手术都可以完成。

11. 微型机器人

世界上除了那些高大的机器人，还有一群微型机器人。它们的体积非常小，有的甚至小得肉眼都看不到，但是功能强大。微型机器人在市场上的发展潜力很大，特别是仿生微型机器人。

（1）胶囊机器人

胶囊机器人(PhilipsiPill)是最小的医疗机器人，见图1-2。它并不像其他的医疗机器人一般有双手双脚，但是它的威力很大。它小小的身体里面有无线通信、电池和药物储存器，还有酸度、温度、位置等感应器。人们可以通过遥控的方式，让吃入患者体内的胶囊机器人在病患位置定量投药。

图 1-2　胶囊机器人

(2)飞行昆虫机器人

荷兰戴夫特技术大学研发小组发明了一款飞行昆虫机器人(DelFlyMicro),见图 1-3。这种机器人只有 3g 重、10cm 长,飞行速度却可以达到 18km/h,另外还可配备无线摄像机。它体积微小,飞行速度快,是一款非常棒的"侦察"机器人。

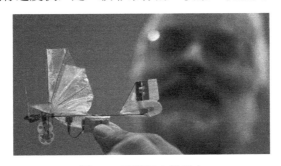

图 1-3　飞行昆虫机器人

(3)虫虫机器人

制作这款机器人的灵感来源于昆虫,由于它体积小,并且可立于指甲盖上,所以人们就称它为"虫虫机器人",见图 1-4。它长得不漂亮,看起来并没有特色。但是,它能在 1 秒内迅速爬升 1ft(1ft=0.3048m),动作可谓神速,它被人们称为"攀爬高手"。SRI 公司表示,他们计划扩大技术规模,打造出包含数以万计虫虫机器人的制造中枢,以完成更大型的建设任务。有了这项技术,一些繁重的体力劳动就可以由机器人代劳了。

图 1-4　虫虫机器人

（4）大黄蜂无人机

美国研制出来的"大黄蜂无人机"，见图 1-5，不仅外形像"蚊虫"，速度也像极了，甚至如同蚊虫般"讨厌"。据英国《每日邮报》报道，美国与巴基斯坦作战时，就使用了这一类型的机器人对巴基斯坦展开攻击。它的体积非常小，但是能够实施有效的侦察监控，甚至飞入敌方的建筑物内。因为它不容易被人发现，也很难被探测到，甚至能对敌人发起进攻，所以它被称为"致命微型无人机"。

图 1-5　大黄蜂无人机

（5）管道机器人

管道机器人见图 1-6，这款机器人如指头般大小，还浑身长刺，看着有点像"毛毛虫"。它能够深入到核电厂蒸汽发生器的管道内，检查管道的安全状况，避免核泄漏等安全事故发生。这款机器人浑身是刺，机器人在管道内的运动全靠它。这种微型管道机器人的运动基于谐振原理，只需 6V 电压驱动，利用机器人体内所带的微型电机带动偏心轮转动产生一定的振动，通过毛刺与管壁非对称的碰撞与摩擦，从而驱动管道机器人运动。

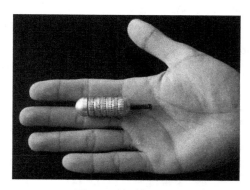

图 1-6　管道机器人

（6）"纳米蜘蛛"机器人

美国哥伦比亚大学科学家研制出一种由 DNA 分子构成的"纳米蜘蛛"微型机器人，见图 1-7。它们能够跟随 DNA 的运行轨迹自由地行走、移动、转向及停止，并且它们能够自由地在二维物体的表面行走。它的大小仅有 4nm，比人类头发直径的万分之一还小，并且它能行走 100nm 的距离，相当于行走 50 步。

图 1-7　"纳米蜘蛛"机器人

　　"纳米蜘蛛"机器人可以用于医疗事业，帮助人类识别并杀死癌细胞以达到治疗癌症的目的，还可以帮助人们完成外科手术，清理动脉血管垃圾等。科学家们已经研发出这种机器人的生产线。

　　(7)侦察哨兵 X 机器人

　　侦察哨兵 X 机器人见图 1-8。侦察哨兵 X 机器人连同战术包、遥控器和显示屏等配件只有 3lb（1lb≈0.453kg）重。它虽然体重小，但是可轻松通过雨水管或空调通风口之类狭窄缝隙进入需要探测的空间，或用手抛上 120ft 高的建筑或掩体。它还能深入混凝土以下 30ft，或在水下正常工作 5 分钟之久，适应力超过特种侦察兵。

图 1-8　侦察哨兵 X 机器人

　　(8)蚂蚁机器人

　　德国费斯托公司开发了可以互相交流的蚂蚁机器人，如图 1-9。蚂蚁机器人长约 13cm，彼此间能够互发信号传递信息，协调它们的举动动作和运动方向。蚂蚁机器人腹部安装有微型无线电模块，头部安装有 3D 相机，底部安装有光学传感器。蚂蚁机器人能够根据环境或族群的需要调整自己的工作任务，将来或许被派去监控并认识环境、查看输油管道、发动机、涡轮，甚至在人体内完成诊断检测。

图 1-9　蚂蚁机器人

(9)"水上漂"微型机器人

美国研制出一款"水上漂"微型机器人,它的形状似水蜘蛛,重量仅 1g,见图 1-10。据介绍,这台微型掠水机器人它能够真正站立在水面之上行走,而不仅仅是漂浮状态。在运动过程中有两条金属腿以划桨方式摆动,以推动机器人在水面上轻轻掠过。专家称这种机器人可在众多领域中大显身手,如安装化学传感器之后,它可用于水体污染的检测工作,装上照相设备可进行科研探测,而配备上拂油网等装置,它将非常适用于清除水面污染物等环保领域。

图 1-10　"水上漂"微型机器人

(10)运送药物的纳米机器人

运送药物的纳米机器人见图 1-11,体型小得可以放入单个细胞之中。这种机器人在未来能运送药物到人体中,然后向特定的细胞发起攻击。这种纳米机器人的电机相比其他纳米机器人要更加长寿(15 小时),并且能够维持 18 000r/min 的转速。

图 1-11　运送药物的纳米机器人

1.3　机器人的未来发展

研创活动

- 你认为机器人发展阶段如何划分？
- 谈谈机器人未来发展趋势。

1. 机器人成长的三个阶段

经过近百年的发展，机器人已经在很多领域中得到了广泛的应用，其种类也不胜枚举，几乎各个高精尖的技术领域都少不了它们的身影。在这期间，机器人的成长经历了三个阶段。

第一个阶段类似于"少年"，人们称它为"示教再现型"，机器人能根据事先编好的程序来工作，但不懂得如何处理外界的信息。

第二个阶段类似于"青年"，机器人有了感觉神经，具有了触觉、视觉、听觉等功能，这使得它可以根据外界的不同信息做出相应的反馈。

第三个阶段，机器人更像"人"了，这时它不仅具有多种技能，能够感知外面的世界，而且还能够不断自我学习，用自己的思维来决定该做什么和怎样去做，成为"智能机器人"。

2. IDC 预测机器人十大趋势

2017 年 11 月，国际数据公司 (International Data Corporation，IDC) 发布了 2018 年全行业的预测和观察报告，认为 2018 年全球机器人行业将呈现以下 10 种发展趋势。

预测 1：到 2019 年，机器人的应用量将增加 1/3，而 60% 的 G2000 高新技术厂商将专注于工业机器人的部署。

预测 2：到 2020 年，新安装的工业机器人中将有 45%至少配备一个智能功能，如预测性分析、自我诊断、健康状况意识、同行学习或自主认知。

预测 3：到 2021 年，负责监督和协调智能机器人代理的出现，将有效刺激整个工业机器人行业效率提升 30%。

预测 4：到 2021 年，30%的 G2000 制造商将部署网络物理机器人系统，从而使生产力提高 10%～20%。

预测 5：到 2020 年，全球移动安全机器人市场将增长近 300%，而在增强人类安全上，又将有 30%的移动安全机器人将配备机载无人机以进行必要部署。

预测 6：到 2019 年，25%的移动机器人将部署添加模块化组件等的能力，并在同一移动平台实现多种应用，从而帮助生产力和效率提升 30%。

预测 7：到 2020 年，前 100 家零售商中将有 30%在店内采用或试点部署机器人，从而使订单成本降低 20%。

预测 8：到 2021 年，移动机器人部署的 45%将通过 Raas（Robot as a service，机器人即服务）的方式，使设备能够在需求波动期间迅速扩大和缩小，并使机器人部署从资本支出转移至运营成本。

预测 9：在无人机行业部署的软硬件和服务方面的投入，将有助于绘制和规划石油、天然气和煤炭等开采地区的基础设施，以及调查和监测数千英亩（1acre=0.004 047km²）的农作物，预估其产业价值在 2020 年将达到 1 亿美元。

预测 10：到 2021 年，消费类机器人市场将翻一番，下一代基于 AI 的机器人将减少对物理性任务的关注，而更多地参与家庭成员的教学和互动，并开始走进家庭，提高人类生活质量。

3. 智能机器人的未来发展趋势

在世界工业机器人业界中，以瑞士的 ABB、德国的库卡、日本的发那科和安川电机最为著名，并称工业机器人四大家族。工业机器人有三大核心技术其实也就是三大核心零部件的关键技术：控制器（控制技术）、减速机、机器人专用伺服电机及其控制技术。

智能机器人的研发方向是给机器人装上"大脑芯片"，从而使其智能性更强，在认知学习、自动组织、对模糊信息的综合处理等方面前进一大步。机器人装上"芯片"之后按照程序将执行各种各样的语音行为、动作行为等。

未来学家雷·库兹韦尔（Ray Kurzweil）对人类的进化和机器的进化有了新的阐述：到 2030 年，人类将成混合式机器人。雷·库兹韦尔认为，纳米机器人被植入人类大脑以便让我们可以直接接入互联网扩展智力，人类大脑会以与智能手机同样的方式开发。人类将增加额外的抽象层次，并创造更深刻的表达方式。混合式机器人，并不是人类的消亡，也不是机器人的类人化并超越人类，而是人类肉体、精神与纳米机器人的结合，将人类提升到一个更高层次的阶段。未来人与机器人的概念将会混淆，肉体与机械零件将会融为一体。

1.4　机器人定义

研创活动

- 结合自己见过的机器人，谈谈机器人是什么。
- 机器人由哪些部分组成？
- 如何评价机器人的能力？
- 机器人未来发展的关键技术有哪些？

1. 机器人是什么

机器人是自动执行工作的机器装置，靠自身动力和控制能力来实现各种功能的一种机器。"robot"原为"robo"，意为奴隶，即人类的仆人。联合国标准化组织采纳了美国机器人工业协会(Robotic Industries Association，RIA)给机器人下的定义："一种可编程和多功能的操作机；或是为了执行不同的任务而具有可用电脑改变和可编程动作的专门系统。"

机器人是高级整合控制论、机械电子、计算机、材料和仿生学的产物。它既可以接受人类指挥，又可以运行预先编排的程序，也可以根据以人工智能技术制定的原则纲领行动。它的任务是协助或取代人类的工作，在工业、医学、农业、建筑业甚至军事等领域均有重要用途。

2. 机器人基本结构

机器人系统基本结构包括机械部分、传感部分、控制部分。具体来说，机器人一般由执行机构、驱动装置、检测装置、控制系统和复杂机械等组成。

执行机构即机器人本体，其臂部一般采用空间开链连杆机构，其中的运动副(转动副或移动副)常称为关节，关节个数通常即为机器人的自由度数。根据关节配置形式和运动坐标形式的不同，机器人执行机构可分为直角坐标式、圆柱坐标式、极坐标式和关节坐标式等类型。出于拟人化的考虑，常将机器人本体的有关部位分别称为基座、腰部、臂部、腕部、手部(夹持器或末端执行器)和行走部(对于移动机器人)等。

驱动装置是驱使执行机构运动的机构，按照控制系统发出的指令信号，借助于动力元件使机器人运动。它输入的是电信号，输出的是线、角位移量。机器人驱动方式有电力驱动、液压驱动、气压驱动等。机器人使用的驱动装置主要是电力驱动装置，如步进电机、伺服电机等，也可采用液压、气动等驱动装置。

步进电机(stepping motor)又称为脉冲电机，基于最基本的电磁铁原理，它是一种可以自由回转的电磁铁，其动作原理是依靠气隙磁导的变化来产生电磁转矩。步进电机是将电脉冲信号转变为角位移或线位移的开环控制电机，是现代数字程序控制系统中的主要执行元件，应用极为广泛。

伺服电机（servo motor）是指在伺服系统中控制机械元件运转的发动机，是一种补助马达间接变速装置。伺服电机可使控制速度、位置精度非常准确，可以将电压信号转化为转矩和转速以驱动控制对象。

检测装置能实时检测机器人的运动及工作情况，根据需要反馈给控制系统，与设定信息进行比较后，对执行机构进行调整，以保证机器人的动作符合预定的要求。传感器是一种检测装置，能感受到被测量的信息并能将感受到的信息按一定规律变换成电信号或其他所需形式，以满足信息的传输、处理、存储、显示、记录和控制等要求。

作为检测装置的传感器大致可以分为两类：一类是内部信息传感器，用于检测机器人各部分的内部状况，如各关节的位置、速度、加速度等，并将所测得的信息作为反馈信号送至控制器，形成闭环控制。一类是外部信息传感器，用于获取有关机器人的作业对象及外界环境等方面的信息，以使机器人的动作能适应外界情况的变化，使之达到更高层次的自动化，甚至使机器人具有某种"感觉"，向智能化发展，如视觉、声觉等外部传感器给出工作对象、工作环境的有关信息，利用这些信息构成一个大的反馈回路，从而大大提高机器人的工作精度。

控制系统有两种形式。一种是集中式控制，即机器人的全部控制由一台微型计算机完成。另一种是分散（级）式控制，即采用多台微型计算机来分担机器人的控制，如当采用上、下两级微型计算机共同完成机器人的控制时，主机常用于负责系统的管理、通信、运动学和动力学计算，并向下级微型计算机发送指令信息；作为下级从机，各关节分别对应一个 CPU，进行插补运算和伺服控制处理，实现给定的运动，并向主机反馈信息。根据作业任务要求的不同，机器人的控制方式又可分为点位控制、连续轨迹控制和力（力矩）控制。

3. 机器人能力评价

机器人能力的评价标准：①智能，指感觉和感知，包括记忆、运算、比较、鉴别、判断、决策、学习和逻辑推理等；②机能，指变通性、通用性或空间占有性等；③物理能，指力、速度、可靠性、联用性和寿命等。因此，可以说机器人是具有生物功能的空间三维坐标机器，即最高意义上的自动化机器。

4. 机器人未来发展的十大关键技术

机器人未来发展的十大关键技术是人机交互技术、情感技术、软体机器人技术、液态金属控制技术、机器人生物行走技术、机器人透视技术、敏感触控技术、机器人可用伸缩电线、机器人可自动组队技术、造房子机器人。

1.5　机器人分类

· 查阅资料，谈谈机器人有哪些分类。

机器人按照用途、功能、装置、受控方式、应用环境等分类依据进行分类，见表1-2。

表 1-2　机器人分类

序号	分类依据	机器人种类
1	按照用途分类	工业机器人、农业机器人、家用机器人、医用机器人、空间机器人、水下机器人、军用机器人、排险救灾机器人、教育机器人、娱乐机器人、餐饮服务机器人、停车机器人、扫地机器人
2	按照功能分类	操作机器人、移动机器人、信息机器人、人机协作机器人
3	按照装置分类	电力驱动机器人、液压机器人、气动机器人
4	按照受控方式分类	点位控制型机器人、连续控制型机器人
5	按照应用环境分类	工业机器人、特种机器人
6	按照智能程度分类	初级智能机器人、智能农业机器人、家庭智能陪护机器人、高级智能机器人
7	按照应用材料分类	金属机器人、自驱动液态机器人、复合材料机器人、生物机器人、软体机器人、硅胶机器人
8	按照机器人存在方式分类	非混合式机器人、混合式机器人
9	按照机器人陪护方式分类	中老年家庭陪伴型机器人、老人独居助理型机器人、单身情感陪伴型机器人、心理辅导及健康型机器人、收藏及养成型机器人

国际上通常按照用途将机器人分为工业机器人和服务机器人两大类，见表1-3。

表 1-3　机器人按用途分类

机器人	工业机器人	焊接机器人	点焊机器人
			弧焊机器人
		搬运机器人	移动小车（AGV）
			码垛机器人
			分拣机器人
			冲压、锻造机器人
		装配机器人	包装机器人
			拆卸机器人
		处理机器人	切割机器人
			研磨、抛光机器人

			续表
工业机器人	喷涂机器人		有气喷涂机器人
			无气喷涂机器人
机器人	服务机器人	个人/家用机器人	家庭作业机器人
			娱乐休闲机器人
			情感机器人
			残障辅助机器人
			住宅安全和监视机器人
		专业服务机器人	场地机器人
			专业清洁机器人
			医用机器人
			物流用途机器人
			检查和维护保养机器人
			建筑机器人
			水下机器人
			国防、营救和安全应用机器人
			餐饮服务机器人
			类人机器人
			教育机器人

　　工业机器人是集机械、电子、控制、计算机、传感器、人工智能等多学科先进技术于一体的现代制造业的重要的自动化装备。自从 1959 年美国研制出世界上第一个工业机器人以来，机器人技术及其产品发展很快，已成为柔性制造系统、自动化工厂、计算机集成制造系统的自动化工具。

　　服务机器人是机器人家族中的一位年轻成员，可以分为专业服务机器人和个人/家用机器人，服务机器人的应用范围很广，主要从事维护保养、修理、运输、清洗、保安、救援、监护等工作。

1.6　机器人产业

研创活动

- 机器人产业现状如何？
- 机器人产业未来发展面临哪些机遇与挑战？

1. 全球机器人产业

　　机器人既是先进制造业的关键支撑装备，也是改善人类生活方式的重要切入点。无论是在制造环境下应用的工业机器人，还是在非制造环境下应用的服务机器人，其研发及产业化应用是衡量一个国家科技创新、高端制造发展水平的重要标志。大力发展机器人产业，对于打造中国制造新优势，推动工业转型升级，加快制造强国建设，改善人民生活水平具有重要意义。加快推动机器人发展已成为世界各国的共识，全球各主要国家纷纷将促进机器人技术和产业发展上升为国家战略。

自 1959 年世界上第一个机器人诞生以来，世界工业发达国家已经建立起完善的工业机器人产业体系，核心技术与产品应用领先，并形成了少数几个占据全球主导地位的机器人龙头企业。特别是国际金融危机后，这些国家纷纷将机器人的发展上升为国家战略，力求继续保持领先优势。

全球机器人市场持续增长，工业机器人市场持续稳定增长，服务机器人市场则呈现快速发展趋势。2013—2017 年，全球机器人市场规模持续增长，年均复合增长率为 17.9%。2018 年上半年，全球机器人产业市场规模为 279.8 亿美元，同比增长 20.6%，其中全球工业机器人市场规模为 156.69 亿美元，全球服务机器人市场规模为 34.7 亿美元，全球特种机器人市场规模为 63.6 亿美元。

当前，全球机器人市场规模持续扩大，工业、特种机器人市场增速稳定，服务机器人增速突出。技术创新围绕仿生结构、人工智能和人机协作不断深入，产品在教育陪护、医疗康复、危险环境等领域的应用持续拓展，企业前瞻布局和投资并购异常活跃，全球机器人产业正迎来新一轮增长。

2. 我国机器人产业

我国政府始终高度重视机器人产业的发展，《中国制造 2025》明确将机器人作为重点发展领域。近年来，我国陆续出台《机器人产业发展规划(2016—2020 年)》《新一代人工智能发展规划》等政策，着力推动机器人产业快速健康可持续发展，积极打造面向全球的机器人技术和产业生态体系。

中国机器人市场规模和平均增速都在世界前列。2013—2018 年，我国机器人市场的平均增长率达到 29.7%。据前瞻产业研究院发布的《2018—2023 年中国工业机器人行业战略规划和企业战略咨询报告》统计数据显示，2013 年中国工业机器人销售额已达 19 亿美元，截至 2017 年中国工业机器人销售额突破 50 亿美元，达到了 51.2 亿美元，同比增长了 30.3%，中国工业机器人销售额增速明显快于全球市场。

2017 年中国工业机器人产量为 13.11 万台，同比增长 81.1%，销量为 13.8 万台，同比增长 58.6%，同比全球工业机器人销量增速 31% 高出 27.6 个百分点。据《机器人产业发展规划(2016—2020 年)》设定的目标，到 2020 年，自主品牌工业机器人年产量达到 10 万台，六轴及以上工业机器人年产量达到 5 万台以上。

虽然我国机器人产业已经取得了长足进步，但与工业发达国家相比，还存在较大差距。主要表现在：机器人产业链关键环节缺失，零部件中高精度减速器、伺服电机和控制器等依赖进口；核心技术创新能力薄弱，高端产品质量可靠性低；机器人推广应用难，市场占有率亟待提高；企业"小、散、弱"问题突出，产业缺乏竞争力；机器人标准、检测、认证等体系亟待健全。

中国机器人产业近年发展迅猛，但与成熟产业相比仍处于起步阶段。技术产品不够丰富、产业规模总体偏小，应用领域还很有限，尚不能有效满足先进制造业和人们生活的需求。正因为如此，我国机器人产业的市场空间广阔、发展潜力巨大。当前中国经济发展已经进入了新常态，全球技术和产业格局正在进行深刻调整，机器人产业发展面临着新的重大历史机遇。

3. 面临技术瓶颈和伦理道德隐患双重挑战

在新一轮科技革命和产业变革的背景下，全球机器人产业发展依然面临着现实技术瓶颈和潜在伦理道德隐患的双重挑战。

一是机器人与人工智能的深度结合仍需持续推进。在视觉、触觉、移动、决策、预判等多个方面，机器人目前还远远达不到人类的水平。智能表现得相当有限，没能从根本上扩大应用范围，真正成为人类生产生活中不可或缺的重要组成部分，尤其是服务机器人智能化水平的欠缺是其尚不能步入高速发展阶段的重要制约。

二是机器人很可能引发法律法规和道德伦理的重塑。著名科幻小说家阿西莫夫曾经提出过机器人三大定律，首要的一条就是机器人不得伤害人类。但从目前的发展趋势来看，一些问题尚难以形成共识。例如，成百上千种非技术工种将被机器人取代，对可能引发的实业新型劳动法的实用性和保护性将降低，战场上可能出现不知疲惫的自动杀人机器，人道主义与和平主义面临困境，无人驾驶汽车、辅助医疗机器人的逐渐普及对交通法规和医疗卫生条例都将构成现实挑战等。

1.7　机器人伦理

研创活动

- 谈谈你对恐怖谷理论的理解。
- 机器人伦理标准是什么？
- 查阅资料，谈谈机器人伦理学的研究现状。
- 机器人伦理学的研究方向有哪些？

1. 恐怖谷理论

恐怖谷理论是一个关于人类对机器人和非人类物体的感觉的假设。1969 年日本机器人专家森政弘提出假设，当机器人与人类相像超过 95% 的时候，由于机器人与人类在外表、动作上都相当相似，所以人类会对机器人产生正面的情感。直至这种相似度到了一个特定程度，人对机器人会突然变得极为反感。哪怕机器人与人类有一点点的差别，都会显得非常显眼刺目，让整个机器人显得非常僵硬恐怖，让人有面对行尸走肉的感觉。人形玩具或机器人的仿真度越高人们越有好感，但当超过一个临界点时，这种好感度会突然降低，越像人而越反感恐惧，直至谷底，这种现象被称为恐怖谷。可是，当机器人的外表和动作与人类的相似度继续上升的时候，人类对它们的情感反应亦会变回正面，贴近人类与人类之间的移情作用。也许正因为如此，许多机器人专家在制造机器人时，都尽量避免机器人外表太过人格化，以避免跌入"恐怖谷陷阱"。

2. 机器人伦理标准

机器人伦理面临许多严肃和艰巨的挑战，甚至可能动摇人类文明的根基。机器人伦理标准是从道德角度的技术规范，在现代科技日新月异的今天，在道德层面思考技术意义重大。机器人伦理问题应该引起全社会的关注，机器人技术的发展将直接关系到人类的命运，现代技术的进步让人类社会置于风险之中。对于机器人伦理问题，要做好智能技术的控制，先控制后制造，在机器人的设计和生产中人类应有所保留。

目前，国内外机器人伦理标准基本上还处于空白阶段，一旦成型的机器人伦理标准被制定，就能够降低机器人引发的伦理道德风险。机器人伦理标准的研究对机器人产业有着深远的影响，它从道德层面规范了机器人产品，降低了机器人产品的安全隐患，提高了机器人产品的质量，确保机器人产业的健康发展。

2016 年 9 月，英国标准协会(British Standards Institution，BSI)发布全球首个机器人伦理标准《机器人和机器系统的伦理设计和应用指南》，旨在指导机器人设计研究者和制造商如何对一个机器人做出道德风险评估。最终的目的是，保证人类生产出来的智能机器人能够融入人类社会现有的道德规范体系。

该指南指出，机器人欺诈问题、机器人成瘾现象，以及自学习系统越俎代庖的行为，这些都是机器人制造商应该考虑的问题；机器人的设计目的不能是杀死或伤害人类；人类是责任的主体，而不是机器人；要确保对于任何一个机器人及其行为，都有找到背后负责人的可能。

指南也聚焦了一些具有争议性的话题，例如，人类是否可以与机器人产生情感联系，尤其是当这个机器人的设计目的就是与小孩和老人互动。机器人的性别和种族歧视问题，是因为深度学习系统很多都是使用互联网上的数据进行训练，而这些数据本身就带着偏见。机器人的偏见则会直接影响技术的应用，它会对某些群体的学习更深入，而对另一些群体有所忽视。

3. 机器人自我繁殖

2005 年 5 月 11 日，康奈尔大学的科学家们展示的由几块方块构成的机器人，它会寻找附近的方块，然后拼成一个和它一模一样的机器人。这些方块每个都是 10cm 见方，外表看起来一模一样。把四个方块摞在一起，它就变成了一个非常简单的机器人。每一个方块中都有一块芯片，里面存储着拼装的指令，并且通过控制方块表面的电磁铁来完成各种动作。

纳米机器人是通过直接利用合适的分子、原子或者利用 DNA 自我复制特征进行自我繁殖的纳米级别机器人。它们可以在人体内工作，通过杀灭病毒、病菌来治疗疾病，通过提高供氧量来改善体质，甚至延缓衰老、治疗癌症。工程师们制造出了几个纳米大小的齿轮、剪刀、螺旋桨这类东西，但是却一直没有找到好的马达来驱动它们。工程师需要向生物学家寻求指导，对分子马达的控制现在已经有了一些进展，用分子马达驱动纳米级别的机器很快就会成为现实。但是以现在的技术水平，生产这样的机器成本实在太高，最好的办法还是采用自我复制的方式。

繁殖并不仅是生物的特性，赋予机器人制造自己的条件，它们也可以自我繁殖，这将是一个全自动的过程。自我繁殖的机器可以带来前所未有的便利，但是自我繁殖失控也将带来巨大的麻烦。当机器自我繁殖失控时，它的数量将无法控制地增多。进化归结于智能系统自我改善的能力，机器人必须能够自我复制，且让子代复制品"青出于蓝而胜于蓝"，才算是生物学意义上的进化，只有这样，后代才能不断适应环境，确保生命延续。

4. 情感机器人引发伦理危机

情感机器人就是用人工的方法和技术赋予计算机或机器人以人类式的情感，使之具有表达、识别和理解喜怒哀乐，模仿、延伸和扩展人类情感的能力。伴侣机器人外表高度模仿真人的皮肤和体态，能通过大脑引发实际的身体反应，可以满足人做家务，以及心理、情感和性爱等需求。情感机器人必将引发法律和伦理问题。

将情感注入计算机或机器人具有十分重要的意义，它使电脑向人脑的方向迈进了一大步，大大增强了其使用功能，扩展了其应用范围。如果机器人具有与人一样的情感和意志，就具有了独立的人格、自控的行为、自主的决策、创新的思维和自由的意志，就能够在复杂的环境条件下，了解和猜测主人的价值取向、主观意图和决策思路，灵活地、积极地、创造性地进行活动，使其运行过程具有更明确的目标性、更高的主动性和更强的创造性，圆满完成主人交给的各种复杂的工作任务，从而在更大的工作范围内取代人。届时，从纯逻辑的角度来看，人与机器人之间的差异将会变小，这将是人工智能技术的一次重大飞跃，必然会对人类社会的各个方面产生深刻的影响。

一旦赋予机器人情感与意志，机器人与人之间的界线会越来越模糊，机器人具有了"人性"，参与社会事务与人际交往，随之而来的一系列问题需要认真思考：人应该如何对待机器人？如何处理人与机器人之间的关系？如何评价机器人所取得的成绩？如何看待机器人的缺点和错误？机器人作为"二等公民"，应该如何确立其"社会地位"？如何看待和处理人与机器人及机器人之间的"亲情"、"友情"与"爱情"？

5. 机器人伦理学

2004 年 1 月，第一届机器人伦理学国际研讨会在意大利圣雷莫召开，正式提出了"机器人伦理学"这个术语。机器人伦理学研究涉及许多领域，包括机器人学、计算机科学、人工智能、哲学、伦理学、神学、生物学、生理学、认知科学、神经学、法学、社会学、心理学及工业设计等。2005 年，"欧洲机器人研究网络"专门资助研究人员进行机器人伦理学研究，希望能为机器人伦理研究设计路线图。此后，机器人伦理研究得到越来越多西方学者的关注。

　　机器人伦理学是随着计算机科学及其相关领域研究和应用的不断延伸而出现的一门新的学科。它与网络伦理、人工生命伦理等均属于计算机伦理问题研究的范围。网络伦理在国内外的研究已相对成熟，人工生命伦理也有了一定的进展和成果，由于机器人在技术和应用层面起步相对较晚，因此人们对机器人伦理问题的研究还处于探索阶段。

　　科学技术的发展使得机器人从"机械机器"转化为"活的机器"，尤其是随着现代生物科技的不断融入，机器人在某种程度上反而比人类更加聪明。这促使机器人思想在哲学和伦理层面要有更大灵活度和发展空间。同时，这种"活的机器"也改变了人与机器之间的关系，机器不仅仅是人类的一个工具，人机之间在很大程度上强调和谐的存在，尤其是当机器人借助于"人工智能"可以产生创造性的效果后，它也许可以发展到具有自我意识，具有自我决策能力，这样机器人甚至会谋求与人类相类似的道德地位。

1.8　机器人学术平台

研创活动

- 国内外机器人科研机构有哪些？
- 国内外机器人科研机构的主要研究有哪些？
- 查阅国内外机器人网站，并学习机器人网站资源。

1. 机器人科研机构

　　目前，很多高校和科研机构成立了机器人学院或研究所，见表 1-4，机器人教育和机器人人才培养正在提上日程。

表 1-4　机器人科研机构一览表

序号	机构名称	年份
1	北京机械工业自动化研究所有限公司	1954
2	中国科学院自动化研究所	1956
3	中国科学院东北工业自动化研究所(已更名为中国科学院沈阳自动化研究所)	1972

续表

序号	机构名称	年份
4	上海交通大学机器人研究室(已更名为上海交通大学机器人研究所)	1985
5	西安交通大学人工智能与机器人研究所	1986
6	哈尔滨工业大学机器人研究所	1986
7	南开大学机器人与信息自动化研究所	1998
8	北京邮电大学空间机器人技术教育部工程技术研究中心	2007
9	北京理工大学仿生机器人与系统教育部重点实验室	2010
10	南京机器人研究院有限公司	2013
11	广西科技师范学院智能机器人协会	2015
12	东华大学机械工程学院机器人研究所	2015
13	厦门大学"嘉庚-微柏工业机器人创新实验室"	2016
14	内江师范学院机器人研究中心	2016
15	复旦大学"复旦-南商智能机器人联合研发中心"	2016
16	湖南大学机器人视觉感知与控制技术国家工程实验室 (机器人行业首个国家工程实验室)	2016
17	东北大学机器人科学与工程学院	2015
18	湖南大学机器人学院	2016
19	安徽三联学院机器人工程学院	2016
20	北京联合大学机器人学院	2016
21	重庆文理学院机电工程学院	2013

2. 机器人网站

　　具有代表性的机器人网站有中国机器人网、OFweek 机器人网、中国机器人产业联盟、中国机器人新闻网等，见表 1-5。

表 1-5　机器人网站

序号	网站	网址
1	中国机器人网	http://www.robot-china.com
2	OFweek 机器人网	http://robot.ofweek.com
3	中国机器人产业联盟网	http://cria.mei.net.cn
4	中国机器人教育网	http://www.robots-edu.com
5	中国机器人网	http://www.robotschina.com
6	中国青少年机器人竞赛	http://robot.xiaoxiaotong.org/index.aspx
7	全国青少年电子信息科普创新服务平台	http://www.kpcb.org.cn
8	全国青少年机器人技术等级考试网	http://www.robotest.cn
9	专业人才库 机器人技术考评管理中心	http://www.rck.org.cn
10	全国青少年机器人技术等级考试官网	http://www.qceit.org.cn

1.9　机器人竞赛

研创活动

- 国内外机器人竞赛有哪些？各有什么特点？
- 谈谈未来机器人竞赛的发展趋势。

机器人竞赛是各种关于机器人比赛的总称，包括机器人足球赛、灭火竞赛和综合竞赛。国际上各种类型的机器人大赛，大都是在 20 世纪末兴起的。机器人竞赛的发展是一个从无到有、从单一到综合、从简单到复杂的过程。具体来说，机器人大赛具有以下特点：比赛规模不断扩大、比赛项目不断完善、比赛的影响力不断增强、推动技术进步、促进学校教育等。竞赛任务正在从非现场完成走向现场完成，竞赛任务对创新性的要求正在逐步提升。

机器人重要赛事有中国青少年机器人竞赛、全国大学生机器人大赛之 RoboMaster、国际机器人奥林匹克大赛、国际奥林匹克机器人大赛、FLL 机器人世锦赛、世界教育机器人大赛等。

1. 中国青少年机器人竞赛

中国青少年机器人竞赛创办于 2001 年，是面向全国中小学生开展的一项将知识积累、技能培养、探究性学习融为一体的普及性科技教育活动。竞赛为广大青少年机器人爱好者在电子信息、自动控制及机器人高新科技领域进行学习、探索、研究、实践搭建了成果展示和竞技交流的平台，旨在通过富有挑战性的比赛项目，将学生在课程中的多学科知识和技能融入竞赛过程中，激发学生对工程技术的学习兴趣，培养学生的创新意识、动手实践能力和团队精神，提高科学素质。经过十多年的发展，中国青少年机器人竞赛在普及机器人工程技术知识、推动机器人教育活动开展等方面发挥了积极作用，已成为国内面向青少年机器人爱好者所举办的规模最大、管理规范、认可度高、影响广泛的竞赛活动。

中国青少年机器人竞赛从最开始的一个竞赛项目，一直到 2016 年整合为现在的机器人综合技能比赛、机器人创意比赛、FLL 机器人工程挑战赛、VEX 机器人工程挑战赛和 WER 工程创新赛五个竞赛项目，这一竞赛集知识性、竞技性、趣味性于一体，一直吸引着广大青少年参加。

2. 全国大学生机器人大赛之 RoboMaster

全国大学生机器人大赛之 RoboMaster 是由共青团中央、深圳市人民政府联合主办的赛事，是中国最具影响力的机器人项目，是全球独创的机器人竞技平台，包含机器人赛事、机器人生态及工程文化等多项内容，正在全球范围内掀起一场机器人科技狂潮。

作为国内首个激战类机器人竞技比赛，全国大学生机器人大赛在其诞生伊始就凭借其颠覆传统的比赛方式、震撼人心的视听冲击力、激烈硬朗的竞技风格，吸引全国数百所高等院校、近千家高新科技企业及数以万计的科技爱好者的高度关注。参赛队员将通过比赛获得宝贵的实践技能和战略思维，将理论与实践相结合，在激烈的竞争中打造先进的智能机器人。

3. 国际机器人奥林匹克大赛

国际机器人奥林匹克大赛(International Robot Olympiad，IRO)是由国际机器人奥林匹克委员会和丹麦乐高教育事业公司合办的国际性机器人比赛，比赛分为竞赛与创意两种类型，竞赛类比赛中各组别必须构建机器人和编写程式来解决特定题目，创意类比赛中各组针对特定主题自由设计机器人模型并展示。

4. 国际奥林匹克机器人大赛

国际奥林匹克机器人大赛(World Robot Olympiad，WRO)中机器人世界杯系列活动是一项综合教育与科技的国际性活动，也是学术成分最高的赛事。2003 年 11 月，由中国、日本、韩国和新加坡等国家发起并成立了 WRO 世界青少年机器人奥林匹克竞赛委员会，希望通过主办一年一度的 WRO 世界青少年机器人奥林匹克竞赛活动，为国际青少年机器人爱好者提供一个共同的学习平台，现有 35 个成员国。

WRO 赛事包括常规赛(小学组、初中组、高中组)、工程赛、创意赛、足球世界杯、金属机器人足球、WeDo2.0 点球赛等。

5. FLL 机器人世界锦标赛

FIRST LEGO League(FLL)是 FIRST(For Inspiration and Recognition of Science and Technology)机构与乐高集团组成的一个联盟组织。FLL 机器人世锦赛的目的是激发青少年对科学与技术的兴趣。它是一个针对 9～16 岁孩子的国际比赛项目，每年 FLL 向全球参赛队伍公布年度挑战项目，这个项目鼓励孩子们用科学的方式去调查研究及自己动手设计机器人。孩子们使用 LEGO MINDSTORMS 产品和 LEGO 积木在辅导员的指导下为机器人进行设计、搭建、编程工作来解决现实世界中的问题。

FLL 竞赛内容包括主题研究和机器人挑战两个项目。1998 年至今，竞赛主题包括引领未来(1998 年)、第一次接触(1999 年)、火山恐慌(2000 年)、北极印象(2001 年)、城市风光(2002 年)、火星探险(2004 年)、无限关爱(2005 年)、海洋奥德赛(2006 年)、纳米科技(2007 年)、破解能源(2008 年)、气候影响(2009 年)、智能交通(2010 年)、生命科技(2011 年)、食品安全(2012 年)、爱晚行动(2013 年)、自然之怒(2014 年)、世界课堂(2015 年)、资源再生(2016 年)、饮水思源(2017 年)等。

挑战项目公布后参赛选手将在接下来的时间使用 LEGO 机器人技术组件和软件加传感器、马达、齿轮、各种 LEGO 技术积木件等来制作智能机器人参加比赛。参赛选手也需要在网上查找资料、向科学家请教、查阅图书馆资料，完成一份 FLL 要求的调查报告。报告的内容通常与当今世界面临的问题紧密相连。

6. 世界教育机器人大赛

1994 年，教育机器人学创始人之一美国 Jake Mendelssohn 教授创办了全球最早的教育机器人大赛——全球家用机器人灭火比赛。2000 年，教育机器人学创始人之一恽为民博士创办了中国最早的机器人比赛——"能力风暴杯"中国教育机器人大赛，并很快成为国内规模最大、比赛项目最多的赛事。同年，恽为民博士建立了教育机器人学的理论体系。2012 年，Jake Mendelssohn 教授和恽为民博士发起并建立了世界教育机器人学会，并于 2013 年创办了世界教育机器人大赛（World Educational Robot Contest，WER），在全球范围内普及以教育机器人为平台的科技教育。

WER 是一项面向全球 3～18 岁青少年的教育机器人比赛，每年全球有超过 50 个国家的 50 万名选手参加各级 WER 选拔赛。随着 WER 的影响力越来越大，WER 的获胜者将为自己、学校和国家带来极高的荣誉，获得每年不断提升的奖学金，甚至被著名大学直接录取或作为录取的重要依据。

7. 全国中小学生网络虚拟机器人设计竞赛

2015 年，中国教育技术协会信息技术教育专业委员会主办了全国首届中小学生网络虚拟机器人设计竞赛（National Students Virtual Robot Competition，NSVRC），以推进中小学机器人教育的普及，增强中小学生的创新实践能力，提升综合素质。

竞赛平台采用萝卜圈 iRobotQ 3D 在线仿真软件，要求选手在给定虚拟场景、给定时间内设计机器人机械结构和行为程序，执行并完成规定动作。比赛中，参赛队员需要以编程为基础，结合对电子、机械、力学、传感等相关知识的综合应用完成任务；更需考虑面对一个多任务的项目，如何在有限时间内通过合理高效的策略找到最佳解决方案。

8. 世界技能大赛

世界技能组织成立于 1950 年，其前身是"国际职业技能训练组织"（International Vocational Training Organization，IVTO），由西班牙和葡萄牙两国发起，后更名为"世界技能组织"（World Skills International）。截至 2019 年 7 月，世界技能组织共有 81 个国家和地区成员。我国于 2010 年 10 月正式加入世界技能组织，成为第 53 个成员。世界技能大赛由世界技能组织举办，每两年举办一届，是当今世界地位最高、规模最大、影响力最大的职业技能竞赛，被誉为"技能奥林匹克"，是世界技能组织成员展示和交流职业技能的重要平台。

世界技能竞赛在 47 个技能门类中设定了国际标准，内容涵盖艺术创作与时装、建筑与工艺技术、信息与通信技术、社会与私人服务、运输与物流等。其中"移动机器人"竞赛项目主要围绕机器人的机械和控制系统考核移动机器人技术人员的理论知识和操作实践。移动机器人技术人员不仅设计、生产、装配、组建、编程、管理和保养机器人内部的机械、电路、控制等系统，而且安装、操作并检测机器人的控制系统。选手从原型机制造、编程和控制逻辑、无线电通信理解并掌握、定位和绘图理解并掌握、集成传感器和目标物体处理几大方面进行考核。选手将用 4 天使用所提供的机器人完成两项比赛任务。这主要包括为机器人编程，在两个不同竞赛场地开展不同序列的任务。除编程外，参赛小组还需要测试、调整传感器数值和参数，组装和连接外围设备和(或)工具，并做出最后的试运行。如果硬件出问题的话，参赛组必须能够排除和维修硬件及连接上的故障。

拓 展 资 料

百度网. 古代机器人[EB/OL]. (2018-08-01)[2018-08-15]. https: //baike. baidu. com/item/古代机器人.

百度网. 机器人[EB/OL]. (2018-08-01)[2018-08-15]. https: //baike. baidu. com/item/机器人/888.

百度网. 情感机器人[EB/OL]. (2018-08-01)[2018-08-15]. https: //baike. baidu. com/item/情感机器人.

百度网. 软体机器人[EB/OL]. (2018-08-01)[2018-8-15]. https: //baike. baidu. com/item/软体机器人.

百度网. 生物机器人[EB/OL]. (2018-08-01)[2018-08-15]. https: //baike. baidu. com/item/生物机器人.

百度网. 液态金属机器人[EB/OL]. (2018-08-01)[2018-08-15]. https://baike.baidu.com/item/液态金属机器人.

百度网. 智能机器人[EB/OL]. (2018-08-01)[2018-08-15]. https://baike.baidu.com/item/智能机器人/3856?fr= aladdin.

电子产品世界. 盘点中国最牛十家机器人研究所[EB/OL]. (2016-08-02)[2018-08-15]. http: //www. eepw. com. cn/article/201608/294885. htm.

环球网. 机器伦理学: 机器人道德规范的困境[EB/OL]. (2015-08-11)[2018-08-15]. http: //finance. huanqiu. com/roll/2015-08/7237005. html.

慧聪工业机器人网. 机器人伦理: 一个亟待研究的新领域[EB/OL]. (2014-03-12)[2018-08-15]. http: //info. robot. hc360. com/2014/03/12095336801. shtml.

机器人网. 盘点工业机器人四大家族的前世今生和技术优劣[EB/OL]. (2016-12-01)[2018-08-15]. http: //robot. ofweek. com/2017-07/ART-8321202-8100-30156151. html.

科学网. 我国首个机器人伦理标准研讨会举行[EB/OL]. (2017-05-15)[2018-08-15]. http://news.sciencenet. cn/htmlnews/2017/5/376316. shtm.

搜狐网. 2017 全球最具影响力机器人公司 TOP50 排行榜[EB/OL]. (2017-10-31)[2018-08-15]. http: //www. sohu. com/a/201436235_505837.

搜狐网. 2030 年人类将成为混合式机器[EB/OL]. (2016-04-23)[2018-08-15]. http://www.sohu. com/a/71004 437_371013.

搜狐网. IDC 预测 2018 机器人十大趋势: 工业机器人大受宠[EB/OL]. (2017-11-21)[2018-08-15]. http: //www. sohu. com/a/205765304_652096.

搜狐网. 机器人未来发展趋势之十大关键技术盘点[EB/OL]. (2016-12-01)[2018-08-15]. http: //www. sohu. com/a/120403443_499199.

搜狐网. 全球十大个子小 功能强悍的微型机器人[EB/OL]. (2017-08-10)[2018-08-15]. http: //www. sohu. com/a/163667199_624619.

搜狐网. 日本"真肌肉"机械手指，生物机器人领域的一个新突破! [EB/OL]. (2016-04-23)[2018-08-15].

http://www. sohu. com/a/234077498_489960.

腾讯网. 东南大学开设首个机器人本科专业招收 30 人[EB/OL].（2016-03-12）[2018-08-15]. http://tech.qq. com/a/20160312/008175. htm.

腾讯网. 英国出台历史上首个机器人伦理标准 给机器人上"紧箍咒"[EB/OL].（2016-09-20）[2018-08-15]. http://tech.qq.com/a/20160920/051755. htm.

王东浩. 2014. 机器人伦理问题研究[D]. 天津: 南开大学博士学位论文.

网易网. 公开课: 机器人学[EB/OL].（2018-08-01）[2018-08-15]. https://open.163. com/movie/2017/8/J/9/MCQ SVOF2A_MCQT097J9. html.

网易网. 机器人崛起[EB/OL].（2018-08-01）[2018-08-15]. https://open.163. com/movie/2016/3/8/2/MBGS20 9TN_MBGSB7Q82. html.

网易网. 情感丰富的机器人[EB/OL].（2018-08-01）[2018-08-15]. https://open. 163. com/movie/2009/2/3/H/ MAQ3O3KQI_MAQ3O6S3H. html.

网易网. 斯坦福大学公开课: 机器人学[EB/OL].（2018-08-01）[2018-08-15]. http://open. 163. com/special/ opencourse/robotics. html.

网易网. 自我进化机器人能独立"繁育后代"[EB/OL].（2015-08-19）[2018-08-15]. http://news.163. com/15/ 0819/01/B1BH0P3500014AED. html.

仪器交易网. 世界首款软体机器人面世! 软体机器人技术难点[EB/OL].（2017-07-19）[2018-08-15]. http://www. yi7. com/news/show-30168. html.

曾艳涛. 2012. 机器人的前世今生[J]. 机器人技术与应用,（2）: 1-5.

智研咨询集团. 2017-2022 年中国机器人行业市场深度调查与投资前景预测研究报告[R].（2018-08-01） [2018-08-15]. http://www. chyxx. com/research/201703/504127. html.

中国电子学会. 2017 年中国机器人产业发展报告[R].（2017-09-03）[2019-02-24]. https://www.sohu.com/ a/169267693_202023.

中华人民共和国工业和信息化部. 三部委关于印发《机器人产业发展规划（2016-2020 年）》的通知 [EB/OL].（2016-04-27）[2018-08-15]. http://www. miit. gov. cn/n1146295/n1652858/n1652930/n3757018/ c4746362/content. html.

中华网. 北京农民 30 多年造 63 个机器人个个有"绝活"[EB/OL].（2016-11-17）[2018-08-15]. https://news. china. com/socialgd/10000169/20161117/23894390. html.

第2章

教育人工智能

学习目标

1. 了解人工智能的起源与发展历史。
2. 理解世界各国人工智能发展战略。
3. 理解国家高度重视教育人工智能。
4. 掌握人工智能的内涵。
5. 掌握教育人工智能的内涵。
6. 掌握教育人工智能研究现状。
7. 分析教育人工智能典型应用。
8. 分析教育人工智能未来发展。

知 识 点

人工智能、教育人工智能、智能教育、教育人工智能创新应用、全民智能教育项目。

技 能 点

查阅人工智能文献资料，查阅教育人工智能文献资料，深度分析教育人工智能国家战略，深度分析教育人工智能研究现状，深度分析教育人工智能典型应用，设计教育人工智能应用案例，了解教育人工智能领域。

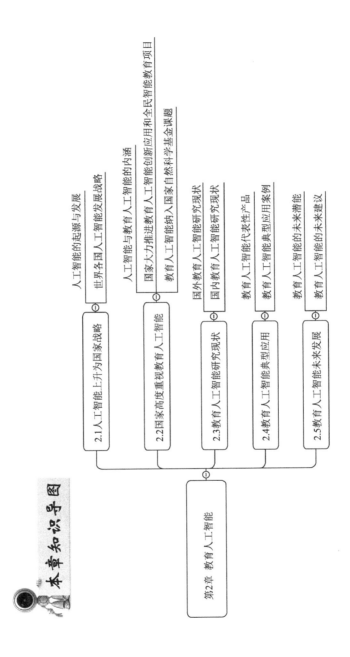

本章知识导图

第 2 章　教育人工智能

2.1 人工智能上升为国家战略
- 人工智能的起源与发展
- 世界各国人工智能发展战略

2.2 国家高度重视教育人工智能
- 人工智能与教育人工智能的内涵
- 国家大力推进教育人工智能创新应用和全民智能教育项目
- 教育人工智能纳入国家自然科学基金课题

2.3 教育人工智能研究现状
- 国外教育人工智能研究现状
- 国内教育人工智能研究现状

2.4 教育人工智能典型应用
- 教育人工智能代表性产品
- 教育人工智能典型应用案例

2.5 教育人工智能未来发展
- 教育人工智能的未来潜能
- 教育人工智能的未来建议

1. 为什么人工智能上升为国家战略？
2. 人工智能对国家竞争力、经济、社会和文化发展将会产生哪些影响？
3. 为什么世界各国高度重视教育人工智能？
4. 阐述国外教育人工智能研究现状。
5. 阐述国内教育人工智能研究现状。
6. 教育人工智能发展的瓶颈是什么？
7. 预测教育人工智能未来研究趋势。
8. 教育人工智能在教育领域中的典型应用有哪些？
9. 教育人工智能在教育领域中的应用有哪些潜能？
10. 你认为教育人工智能未来应该如何发展？
11. 教育人工智能在教育机器人中有哪些应用？

2016 年是人工智能走向主流的元年，2017 年被业界称为人工智能商业化、产品化应用的元年。近年来，人工智能技术对社会各领域的影响越来越深刻，逐渐在金融、个人助理、安防、电商零售、自动驾驶、教育等领域产生了重要影响。无人驾驶、无人超市、百度大脑、脸部识别、智能音箱、人脸支付等正在走进人们的生活、学习和工作。未来 4～5 年，人工智能将会成为教育领域采纳的关键技术，人工智能将与教育深度融合，引发教育的深层次变革。

2.1　人工智能上升为国家战略

• 查阅人工智能发展史，谈谈人工智能发展的规律。
• 查阅世界各国人工智能发展战略，分析世界各国人工智能发展的战略目标、战略重点、战略措施等。

1. 人工智能的起源与发展

人工智能起源于 20 世纪 50 年代。1950 年，马文·明斯基和邓恩·埃德蒙建造了世界上第一台神经网络计算机。1950 年，阿兰·麦席森·图灵提出了"图灵测试"，图灵测试指测试者与被测试者(一个人和一台机器)隔开的情况下，通过一些装置(如键盘)向被测试者随意提问。进行多次测试后，如果有超过 30% 的测试者不能确定被测试者是人还是机器，那么这台机器就通过了测试，并被认为具有人类智能。1955 年，约翰·麦卡锡提出了"人工智能"一词，这被人们看作是人工智能正式诞生的标志。

1956 年之后，人工智能迎来了发展的第一个高峰期(1956～1974 年)，研究人员树立了机器向人工智能发展的信心。20 世纪 70 年代，人工智能进入第一次低谷(1975～1980 年)，人工智能停滞不前。1980 年，"知识库＋推理机"组合的专家系统使得人工智能重新崛起(1981～1990 年)。20 世纪 80 年代之后，人工智能再次陷入低谷(1991～2005 年)。1986 年，Rumelhart 和 McClelland 提出目前应用最广泛的 BP(back propagation，反向传播)神经网络。2006 年，Geoffrey Hinton 提出了深度学习的神经网络，打破了 BP 神经网络发展的瓶颈。近年来，移动互联网、大数据、超级计算、传感网、脑科学、学习科学、教育神经科学、仿生学等新理论和技术飞速发展，人工智能迎来了第三次发展高峰(2006 年至今)。

目前，人工智能主要有三个学派：符号主义(又称为逻辑主义、心理学派、计算机学派)、联结主义(又称为仿生学派、生理学派)、行为主义(又称为进化主义、控制论学派)。人工智能发展阶段主要有四种分类：第一种，按照人工智能的主流技术，分为推理时代(20 世纪 50～70 年代)、知识工程时代(20 世纪 70～90 年代)、数据挖掘时代(2000 年至今)三个阶段；第二种，按照人工智能的驱动力分为人工智能 1.0——技术驱动、人工智能 2.0——数据驱动、人工智能 3.0——情景驱动三个阶段；第三种，按照人工智能的实质，分为计算智能、感知智能和认知智能三个阶段；第四种，按照是否有意识，分为弱人工智能和强人工智能，强人工智能具有意识、自我和创新思维等。

2. 世界各国人工智能发展战略

2013 年以来，全球掀起了人工智能研发高潮，中国、俄罗斯、美国、日本、英国、德国等世界科技强国纷纷出台了相关战略、计划(表 2-1)，将人工智能上升为国家战略，力争抢占人工智能制高点。2015 年，杰瑞·卡普兰(Jerry Kaplan)出版了《人工智能时代：人机共生下财富、工作与思维的大未来》，引发了人机共生新生态。腾讯、英特尔、微软等企业也纷纷启动人工智能发展战略。

表 2-1　世界各国人工智能战略

国家/组织	发布机构	发布时间	人工智能战略
中国	中华人民共和国国务院	2015 年 7 月	国务院关于积极推进"互联网+"行动的指导意见
	中华人民共和国国务院	2016 年 3 月	国民经济和社会发展第十三个五年规划纲要
	中华人民共和国国家发展和改革委员会、科技部、工业和信息化部、中央网信办	2016 年 5 月	"互联网+"人工智能三年行动实施方案
	中华人民共和国国务院	2017 年 3 月	2017 政府工作报告
	中华人民共和国国务院	2017 年 7 月	新一代人工智能发展规划
	中华人民共和国国务院	2018 年 3 月	2018 政府工作报告
俄罗斯	联邦政府	2017 年 7 月	俄罗斯联邦数字经济规划
新加坡	国家研究基金会	2017 年 5 月	新加坡全国人工智能核心(AI.SG)计划

续表

国家/组织	发布机构	发布时间	人工智能战略
美国	国家科学基金会联合美国国防部、国防部高级研究计划局、空军科学研究办公室、能源部等政府机构	2011 年 6 月	国家机器人计划
	白宫科技政策办公室	2016 年 10 月	为人工智能的未来做好准备
	白宫科技政策办公室	2016 年 10 月	国家人工智能研究与发展战略计划
	白宫科技政策办公室	2016 年 12 月	人工智能、自动化与经济
	情报高级研究计划局	2017 年 7 月	人工智能与国家安全
	国家科学基金会	2017 年 1 月	国家机器人计划 2.0
英国	技术战略委员会	2014 年 7 月	RAS2020 年国家发展战略
	科学技术委员会	2016 年 9 月	机器人技术与人工智能
	科学办公室	2016 年 11 月	人工智能：未来决策制定的机遇与影响
欧盟	欧盟委员会	2013 年 10 月	人脑计划
	欧盟委员会	2014 年 6 月	机器人研发计划
	欧盟委员会	2016 年 1 月	机器人技术路线报告
法国	经济部与教研部	2017 年 3 月	人工智能战略
德国	联邦政府	2011 年	工业 4.0 战略
	联邦政府	2015 年	升级版工业 4.0
	经济部	2015 年	智慧数据项目
日本	经济产业省	2015 年 1 月	机器人新战略
	文部科学省	2016 年 1 月	第五期科学技术基本计划
	文部科学省	2016 年 5 月	人工智能/大数据/物联网/网络安全综合项目
	学术振兴会	2017 年 3 月	人工智能产业化路线图

　　人工智能发展进入了新阶段，人类社会进入了人工智能时代。人工智能成为国际竞争的新焦点，人工智能成为经济发展的新引擎，人工智能带来社会建设的新机遇，人工智能发展的不确定性带来新挑战。人工智能时代即将来临，将会对教育、经济、文化和社会发展等产生重大影响。

2.2　国家高度重视教育人工智能

研创活动

- 查阅有关人工智能内涵的文献资料，分析人工智能的内涵。
- 查阅有关教育人工智能内涵的文献资料，分析教育人工智能的内涵。

- 谈谈如何推进教育人工智能创新应用。
- 谈谈如何推进全民智能教育项目。
- 查阅有关教育人工智能的国家自然科学基金立项课题，设计一个有关教育人工智能的国家自然科学基金课题。

1. 人工智能与教育人工智能的内涵

人工智能是研究、开发用于模拟、延伸和扩展人的智能的理论、方法、技术及应用系统的一门新的技术科学。人工智能融合了计算机科学、移动互联网、大数据、超级计算、传感网、脑科学、学习科学、教育神经科学、仿生学、社会科学等前沿综合学科。人工智能的目标是希望机器能够拥有类人的智力，可以实现识别、认知、分析和决策等多种功能。人工智能的研究包括机器人、语言识别、图像识别、自然语言处理和专家系统等。

教育人工智能是人工智能与教育科学、教育技术学、学习科学、教育神经科学等交叉而形成的研究领域。教育人工智能的本质是人工智能与教育领域的深度融合，促使学习、教学和管理更加智能化，让未来的教育真正拥有"智慧"。人工智能的迅速发展及其在教育领域的深入应用，将会在很大程度上提升教育的智能化水平。随着人工智能的发展，未来的计算机可能不再被视为工具，而是作为大脑的第三个半球，人与设备之间将会建立平等、共生的伙伴关系。

2. 国家大力推进教育人工智能创新应用和全民智能教育项目

中国政府高度重视人工智能战略，致力于打造世界级人工智能创新中心。人工智能被纳入了国民经济和社会发展规划纲要，并两次写进政府工作报告。2017 年 6 月 21 日，中国人工智能产业创新联盟成立，致力于打造人工智能产业生态链。2017 年 7 月 8 日，国务院发布了第一个人工智能规划——《新一代人工智能发展规划》，提出"围绕教育、医疗、养老等迫切民生需求，加快人工智能创新应用，为公众提供个性化、多元化、高品质服务""实施全民智能教育项目，在中小学阶段设置人工智能相关课程，逐步推广编程教育，鼓励社会力量参与寓教于乐的编程教学软件、游戏的开发和推广"。2018 年 3 月 5 日，李克强在《政府工作报告》中提出"做大做强新兴产业集群，实施大数据发展行动，加强新一代人工智能研发应用，在医疗、养老、教育、文化、体育等多领域推进'互联网+'"[①]。

3. 教育人工智能纳入国家自然科学基金课题

2018 年 1 月，国家自然科学基金委员会在"F 信息科学部"中增设"F0701 教育信息科学与技术"，设立了 10 个研究方向：教育信息科学基础理论与方法、在线

---

① 中国政府网. 政府工作报告[Z]. [2018-03-22]. http://www.gov.cn/guowuyuan/2018-03-22/content_5276608.htm.

与移动交互学习环境构建、虚拟与增强现实学习环境、教学知识可视化、教育认知工具、教育机器人、教育智能体、教育大数据分析与应用、学习分析与评测、自适应个性化辅助学习。大力支持人工智能、教育学、机器人学、学习科学与技术、教育神经科学、虚拟现实、增强现实等学科的交叉研究，以创新的思维和方法破解教育领域的科学问题。

2.3　教育人工智能研究现状

- 查阅国外有关人工智能研究的文献资料，分析国外人工智能研究现状。
- 查阅国内有关人工智能研究的文献资料，分析国内人工智能研究现状。
- 教育人工智能研究的主要方向有哪些?

1. 国外教育人工智能研究现状

截至 2018 年 3 月 15 日，Web of Science 数据库统计(以"标题"为检索项搜索"Education"+"Artificial Intelligence")显示教育人工智能的文献共 33 篇，见图 2-1。2017 年发表文献最多，达到 10 篇，2016 年 5 篇，2012 年 3 篇，1993 年和 2015 年各 2 篇。1984 年、1985 年、1992 年、1994 年、2000 年、2003 年、2006 年、2009 年、2011 年、2014 年、2018 年各 1 篇。2016 年之前发表的教育人工智能论文很少，2016 年、2017 年教育人工智能论文呈现井喷式发展。

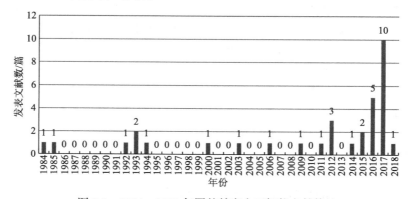

图 2-1　1984～2018 年国外教育人工智能文献统计

2014 年，Utku Kose 等出版著作 *Artificial Intelligence Applications in Distance Education*(《人工智能在远程教育中的应用》)，认为人工智能在远程教育中的应用旨在研究利用计算机来弥补学生和教育工作者之间的差距。在远程教育中，应该运用人工智能技术来支持远程教育，或者运用不同的智能系统改善远程教育。

随着人工智能时代的来临，高等教育将会受到人工智能、机器人技术和自动化等多方面的挑战。未来众多的工作将会被机器人所取代，机器人和自动化正在影响世界经济发展。高等教育不仅要研究人工智能、机器人技术和自动化技术，还应该研究它们对社会、商业、经济和人类的影响。未来出现强人工智能，高等教育的培养目标可能会发生改变，高等教育的教学和研究重点也将会发生改变。高等教育的学生可能会追求他们的兴趣和爱好(如艺术、历史、哲学等)，因为现在的许多工作将会由机器人完成。

在特殊教育领域，人工智能技术被认为是最有价值的技术之一。一些重要的研究正在使用人工智能系统对具有特殊教育需求的学生进行教育。这些工具的目的是加强儿童与环境的互动，以促进学生学习并丰富他们的日常生活。研究者使用人工智能方法进行准确诊断和迅速干预行动。人工智能应用工具已经成功应用于解决特殊教育领域的问题。但是，特殊教育所涉及的问题仍然很多，尽管如此，人工智能一直被认为是一个有前途的特殊教育辅助工具。

自从 2011 年开始，哈萨克斯坦苏莱曼·德米雷尔大学计算机工程系的计算机工程教育教学采用混合学习方法。通过使用远程教育技术的学习管理系统(Learning Management System，LMS)实现混合学习，以基于 C 语言教学的智能程序支持相关教育过程，目的是改善相关课程的教育过程和专业的教育方法。引入的人工智能支持的混合式学习教育计划使教师和学生都体验到更好的教育过程。

人工智能技术在教育领域中不断创造出新的方向。如自然语言处理中使用人工智能进行英文写作自动评分，完成学生作业评估等任务；人工智能技术还被用于解决手写识别、内容表达和话语结构分析等方面的问题；其也被用于智能信息检索、智能代理、更广泛的专家系统、机器人技术、智能虚拟环境、语音和图像识别等新兴领域。

2. 国内教育人工智能研究现状

随着大数据、云计算和移动互联技术等新兴科学技术的日益成熟，在中国特色教育信息化发展道路中，人工智能的研究和应用得到快速发展，人工智能越来越受到政府和专家学者的重视。人工智能已不再只局限于计算机技术领域，而正在成为各行各业的焦点话题。人工智能在教育行业的应用正在不断深入，"人工智能+教育"逐渐受到关注。

目前，我国关于教育人工智能的著作很少，仅有 2018 年的《人工智能及其教育应用》《人工智能时代的教育革命》《自适应学习——人工智能时代的教育革命》等。截至 2018 年 3 月 15 日，CNKI 统计(按照篇名"人工智能"+"教育"检索)显示，共发表教育人工智能文献 285 篇(图 2-2)，其中 124 篇期刊论文、62 篇教育期刊论文、86 篇报纸文章、8 篇国内会议论文、2 篇国际会议论文、3 篇硕士论文。2006 年之前发表的教育人工智能论文很少，2016 年、2017 年教育人工智能论文呈现井喷式发展。这与国外教育人工智能研究趋势呈现一致性。

早在 1984 年，王正旋首先在《计算机科学》发表论文《人工智能技术在教育中的应用》，阐述了人工智能可以应用于教学管理、成绩分析等方面，人工智能的理论和方法可以在计算机辅助教学中得到广泛应用。1991 年，金嘉康阐述了人工智能和专家系统是美国教育技术未来发展趋势；1998 年，金嘉康探讨了人工智能被引进教育训练后对以学生为中心的教学模式产生的积极影响。2003 年张剑平发表的论文《关于人工智能教育的思考》获得了最高的引用频次（截至 2018 年 3 月 15 日被引用 54 次）；闫志明、唐夏夏等发表的论文《教育人工智能（EAI）的内涵、关键技术与应用趋势——美国〈为人工智能的未来做好准备〉和〈国家人工智能研发战略规划〉报告解析》获得了最高的下载频次（截至 2018 年 3 月 15 日被引用 25 次，下载 13 658 次）。

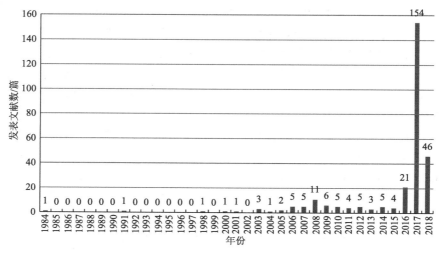

图 2-2　1984～2018 年中国教育人工智能文献统计

目前，人工智能在教育领域中的应用已经涉及学习过程、高中信息技术、智能教育、智能教学系统、远程教育、教育技术、人工智能教育、计算机辅助教学、未来教育、在线教育、网络教育、教育模式、教学效果、人才培养、个性化学习、思维能力等多个方面。

目前，教育人工智能开始从关注技术本身发展逐渐延伸到教育的各个领域。教育人工智能研究还亟待深入，仍有一些复杂的问题有待进一步思考和解决，例如，人工智能的应用需要受到道德与伦理的制约，而目前在这些方面的研究甚少；人工智能技术在教育某些领域的应用是否恰当，研究者的认知思路需要进一步深化和改进；人工智能在教育领域的应用与经典教育理论相分离，缺乏联系与支撑，是否可以开拓新领域的教育理论等。

2.4　教育人工智能典型应用

研创活动

- 查阅教育人工智能的代表性产品，分析其优缺点。
- 分析教育人工智能典型应用案例，尝试设计一个教育人工智能应用案例。

1. 教育人工智能代表性产品

随着人工智能技术的不断发展，教育领域对运用人工智能技术助力教育的变革产生了强大的信心。近年来不断涌现出高校自主研发、科技公司研发、校企合作研发的教育人工智能产品，按照功能和使用情景可以分为六大类，见表 2-2。

表 2-2　教育人工智能代表性产品分析

产品分类	特点	代表性产品	所属公司或机构	支撑技术
智能教学平台（系统）	辅助个性化教与学，因材施教	Newsela Knewton 畅言智慧校园	Newsela Knewton 科大讯飞股份有限公司	计算智能技术、学习分析技术、数据挖掘技术
全面智能测评	实时跟踪与反馈，查看问题和量表级别的统计数据	批改网 Gradescope MathodiX	北京词网科技有限公司 UC Berkeley MathodiX	学习分析技术
拍照搜索在线答疑	快速识别图像并分析检索所需内容	Volley 小猿搜题 学霸君	Volley 北京贞观雨科技有限公司 上海谦问万答吧云计算科技有限公司	图像识别、机器学习和自然语言处理技术
智能语音识别辅助教学及测评	使用自然语言来回答问题并帮助用户完成搜索等任务来辅助教学，用于口语测评	畅言智能语音教具系统 51talk 微软小冰 Watson Siri	科大讯飞股份有限公司 北京大生知行科技有限公司 Microsoft IBM Apple	语音识别、自然语言分析与理解技术
教育机器人	辅助教学，培养创新思维和动手能力或智能教育，成长陪伴，私人管家	阿尔法超能蛋机器人 EV3 机器人套装、WeDo2.0 小帅智能机器人 5.0 Dash & Dot 编程机器人 "未来教师"机器人	科大讯飞股份有限公司 乐高公司 海尔集团、远威润德智能科技有限公司 Wonder Workshop 网龙华渔教育	计算智能、机器学习、自然语言理解技术
模拟和游戏化教学平台	虚拟真实场景，智能化追踪行为，提供沉浸式学习	治趣-临床医学病例模拟诊疗平台 Revel	武汉泰乐奇信息科技有限公司 Pearson higher education	虚拟现实、机器学习技术

（1）智能教学平台（系统）

智能教学平台是基于计算智能技术、学习分析技术、数据挖掘技术及机器学习等技术，为教师和学生提供个性化教与学的教学系统。其主要的特点是运用人工智能技术智能化分析学习者所学内容，构建学习者知识图谱，为学习者提供个性化的学习内容及学习方案；支持自适应学习，实现学习内容的智能化推荐。

Newsela 是美国一家教育科技创业公司推出的一款将新闻与英语学习融为一体的智能教学平台。其主要通过数据挖掘技术获取学习者的阅读内容，并通过科学算法衡量学习者的阅读水平，抓取来自各大主流新闻媒体的新闻内容，改写其词汇的难度将其推送给不同阅读水平的学习者。Knewton 是美国 Knewton 公司开发的自适应教学平台，包含推荐课程内容功能、预测性的学习数据分析、内容数据分析三大主要功能，为全球学习者提供预测性分析及个性化推荐。科大讯飞公司致力于用人工智能推动教育变革，其推出的畅言智慧校园平台，主要依托于人工智能技术和大数据，为师生提供一个全面的智能感知环境和综合信息服务平台，其中包含了智慧课堂、智能考试、智慧学习、智慧管理和智慧环境五大核心业务。

（2）全面智能测评

智能测评强调通过一种自动化的方式来测量学生的发展，所谓自动化就是指由机器承担一些人类负责的工作，包括体力劳动、脑力劳动或者认知工作。

注重实时跟踪与反馈，并且提供可查看问题和量表级别的统计数据，可依据学习者学习过程中收集的各类数据，并且对学习者的学习行为进行实时跟踪，并以此为依据对学习者的学习表现及效果进行评价。

2000 万人使用的批改网是一个用计算机自动批改英语作文的在线系统，可以精准客观地判断和点评语法、词汇、文章结构等，并给出具体的反馈和修改建议。Gradescope 是加州大学伯克利分校创建的、用于大学教师对学生进行智能测评的软件，通过扫描上传、网上评分、查看结果、返回分级四个阶段进行快速评分，并附有详细的反馈信息。与其类似的还有 MathodiX，它是美国一个专门针对数学进行实时学习效果评测的网站。

（3）拍照搜索在线答疑

拍照搜索在线答疑是学习者在学习中遇到疑惑时，可利用手机拍照功能拍下题目或将教材内容上传搜索即可获取题目及教材中包含的各类知识点。在此过程中，基于人工智能技术的软件可快速识别图片或文本信息，为学习者快速、高效地提供最需要的学习资源。整个过程无须人工参与，完全利用图像识别技术、机器学习技术和自然语言处理技术自动地为学生搜索题目中所包含的知识要点及难点。

美国的 Volley 可以让学习者用手机摄像头拍摄教材内容或作业题目，并立即显示要点、难点、先修知识，除此之外还提供在线课堂或学习指南的链接等相关的辅助学习资源。中国典型的产品则是小猿搜题和学霸君，同样是拥有拍照搜索和在线答疑功能的在线一对一辅导产品，不仅可快速提供搜索的要点信息和推荐学习资源，还可以运用机器学习技术精准分析学生的知识点掌握情况，构建知识体系。

（4）智能语音识别辅助教学及测评

智能语音识别主要是运用语音识别技术、自然语言分析与理解技术来智能化识别和理解人类语言，实现人机交互。在教学过程中，尤其是语言类学习课程，智能语音识别技术不仅可以辅助教师进行教学，还可作为测评工具，如支持学习内容标准带读，学习者可针对中文或英文进行发音练习和评估。一定程度上减轻了教师的教学负担，同时学习者也可及时获得发音是否标准的反馈和修正建议，因此大大提高了评估的科学性及教学的效率。

微软小冰、IBM 的 Watson、苹果的 Siri 都具备很高的自然语言理解能力。微软小冰可用于学习者的口语练习。Watson 可通过自然语言理解技术，分析所有类型的数据，包括文本、音频、视频和图像等非结构化数据。通过假设生成，透过数据揭示洞察、模式和关系。将散落在各处的知识片段连接起来，进行推理、分析、对比、归纳、总结和论证，获取深入的洞察及决策的证据。通过以证据为基础的学习能力，能够从大数据中快速提取关键信息，像人类一样进行学习和认知，并可以经专家训练，在交互中通过经验学习来获取反馈，优化模型，不断进步。通过自然语言理解技术，获得其中的语义、情绪等信息，以自然的方式与人互动交流。科大讯飞推出的畅言智能语音教具系统和北京大生知行科技有限公司的 51talk 同样具有辅助教学及测评的功能，在教学方面支持学习者进行跟读、测评并获取修正建议。

(5) 教育机器人

教育机器人是为学习机器人相关知识或利用机器人开展教育教学而专门设计的一种服务机器人。教育机器人是强人工智能产品，具有较强的互动和沟通能力，能够扮演教师、学习同伴、助理或顾问等多重角色，并与使用者进行互动和提供反馈。在提高学生学习兴趣，培养学生分析能力、创造能力和实践能力等方面发挥着重要作用。

阿尔法超能蛋机器人是一款早教机器人，能够通过思考、眯眼笑、惊叹等不同的眼神变化表达人所要表达的情绪和状态，并能与孩子主动互动，内置儿童课程资源及国学教育内容、英语教育内容，既是陪伴孩子的玩具，也是开发孩子智力和帮助孩子学习的工具。Dash&Dot 编程机器人和乐高公司的 EV3 机器人套装、WeDo2.0 作为学习工具，具有较强的编程功能，能够培养孩子的编程思维。"未来教师"机器人则可以成为教师助手，帮助教师完成课堂辅助性或重复性的工作，如朗读课文、点名、监考、收发试卷等。

(6) 模拟和游戏化教学平台

模拟和游戏化教学平台运用虚拟现实、计算机视觉、机器学习等技术，为学习者打造一个模拟仿真的学习环境，为操作性技能的训练提供模拟化练习。

治趣-临床医学病例模拟诊疗平台，是一个在线医学虚拟教学与培训平台，通过虚拟人模拟医学诊疗过程，提高医学生的临床思维能力。Revel 是一款沉浸式数字学习工具，即让学习者获得 3D 音频和沉浸式视觉效果，更有利于对抽象、不易观察的学习内容进行观察和学习。

2. 教育人工智能典型应用案例

(1) 人工智能支持精准化阅读

Newsela 是 75%以上美国 K-12 学校使用的阅读学习智能教学平台，为学习者提供实时评估、同步词汇学习、融合学习者其他学习途径和资源等功能。阅读内容分为三个大类：图书馆、新闻、文本集，见图 2-3。每一大类又包含了大量丰富的小主题。在图书馆分类中则包含了艺术与文化、科学与数学、宗教与哲学、政府与经济等。而同样的内容则会根据不同的阅读者以不同形式呈现，词汇也将根据学习者的阅读水平做出相应的调整，这些功能都是基于人工智能技术实现的。

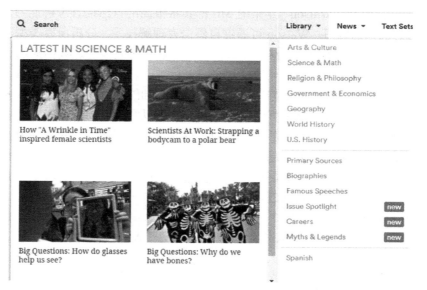

图 2-3　Newsela 阅读分类

Newsela 为初等教育专门创建了一流的阅读材料和学校课程内容相结合的阅读内容，并提供 5 个阅读级别，整个目录的内容区分为 2～6 年级。每篇文章会有 5 个 Power Words，即学生将要学习的新词汇，完成阅读之后可测试练习增强学习效果。教师可以通过实时的数据收集，跟踪学生的学习进度，及时调整自己的教学进度、方法、内容等，见图 2-4。

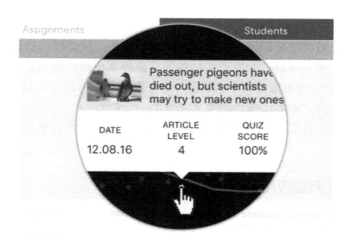

图 2-4　散点图跟踪学习者阅读进度

(2) 教育机器人扮演教师和学伴角色

小帅智能机器人 5.0 是一款针对儿童早教的智能机器人，主要具有三大功能：第一，智能教育功能。它与云端相连，有着语文、数学、英语、儿歌、故事、百科知识等海量教育资源。强大的云端后台服务功能每天都在不断学习、进化、存储,自我更新。第二,成长陪伴功能。该机器人结合人工智能科技和语音交互功能,可与孩子进行对话、讲童话故事、寓言故事及背古诗等,在陪伴孩子的同时全面开发智力,增强孩子的探索想象能力。第三,私人管家功能。可以为孩子制订科学的学习计划,依据孩子的自身需求,安排写作业、背课文的时间。小帅智能机器人还可辅导家庭作业,见图 2-5。

图 2-5　小帅智能机器人

(3)人工智能助力名医培养

治趣-临床医学病例模拟诊疗平台的远程云端动态生成"虚拟患者",用户通过手机终端接诊,并模拟临床问诊、体检、辅助检查、诊断、治疗等,"虚拟患者"的"病情演变"完全由用户自行把控,最后,系统智能分析出用户的"临床思维"存在哪些问题。进入该系统可对"虚拟患者"进行问诊、体检、辅助检查、诊断治疗等一系列操作,见图 2-6。该平台一定程度上可以改变目前大部分医学生通过纸质答卷、病例讨论、文献阅读的形式学习临床知识的现状,为传统理论学习和真实临床实践之间构建一座"桥梁"。

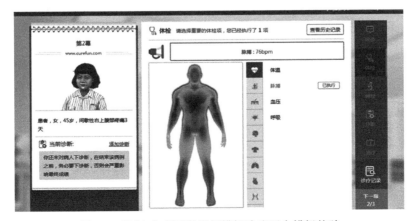

图 2-6　治趣-临床医学病例模拟诊疗平台模拟体验

与此类似的还有 DxR Clinician，该软件采集了数百个真实的患者资料，并由专家及人工智能编写为特定病例，这些病例涵盖了广泛的临床问题，软件可记录假设和测试解释，最终做出诊断和计划治疗等行为数据，在复杂的评分工具支持下，用于教育教学和医学生临床思维的评估。

2.5　教育人工智能未来发展

- 谈谈人工智能在教育领域中的应用潜能有哪些。
- 目前教育人工智能发展取得了哪些成就，还存在哪些有待改进的问题？
- 结合自己的体验，谈谈你对教育人工智能未来发展的建议。

1. 教育人工智能的未来潜能

技术与教育的深度融合体现在学校教育层面，将会表现为人工智能对课堂教学的深层次变革。智能辅助系统和教育机器人将具备实现技术融合效应的潜能，技术与教育的融合效应值得期待。人工智能所具有的灵活性、包容性、个性化和有效性等特征，将最大限度地与教育教学有效结合，具体在以下领域中发挥潜能：①人工智能将释放教师生产力，成为教师角色转变的催化剂。智能教学系统应用领域将从自然学科拓展到社会科学、管理学等学科，更广泛地应用于教育培训和职业教育。智能辅助系统和教育机器人将会承担教师的课堂讲授、答疑辅导、作业批改等重复性工作。②人工智能将会促使教师的能力结构发生解构与重构，激发教师的研究和创造能力。人工智能将会促使建立人-机协同管理的新机制。人工智能将会打破单一的学习空间和场景，创新人-机协作学习、游戏化学习、移动学习、虚拟学习、实景学习等学习方式，识别学习者的认知和情感状态，促使学习者从消极情绪向积极情绪转化，提高学习者的学习动机，激发学习者的学习潜能。③人工智能与未来教育的深度融合，将会显著提升教育生产力，促进教育发生结构性的变革，让未来的教育真正拥有"智慧"。

2. 教育人工智能的未来建议

(1)加强教育人工智能的政策引导和标准规范

目前，中国发布了《新一代人工智能发展规划》、《教育机器人安全要求》(GB/T 33265—2016)，但是缺乏教育人工智能的发展规划和标准。教育人工智能的未来发展，亟须政策引导和标准规范。此外，教育人工智能还需要加强人工智能相关法律、伦理和社会问题研究，建立保障人工智能健康发展的法律法规和伦理道德框架。教育人工智能未来发展亟需营造良好的产业环境，打造产业生态，完善人工智能教育体系，实施全民智能教育项目，充分激发人工智能在教育领域的潜能。在国家政策的引导下，各地方教育部门应该结合当地教育情况出台相关的政策，推动教育人工智能的应用与推广，依托人工智能提升教育生产力。

(2) 推进教育人工智能技术创新

从技术层面看，人工智能技术从过去仅能实现计算智能，到当今逐步实现感知智能，并不断向认知智能靠近。教育人工智能产品也从过去的专家系统、智能代理等应用转向智能自适应教学系统、虚拟和游戏化平台、智能测评系统、智能机器人等产品的开发和应用。尽管目前市场上所谓的教育人工智能产品层出不穷，但是大多数产品仍然主要停留在计算智能的阶段。即使部分产品涉及感知智能，运用了图像识别、语音识别等技术，但仍然不够成熟，尚有很大的发展和利用空间。

因此，在教育人工智能技术方面应该深入发展感知智能阶段的图像识别、语音识别、手势及表情识别等核心技术，并且突破认知智能阶段的机器学习、自然语言理解、计算机视觉、机器人等技术。最为关键的是要将最新人工智能技术迁移到教育领域，结合教育的需求和教育中存在的实际问题，有针对性地发展教育人工智能关键技术，而不仅仅是针对人工智能技术本身进行研究，这也就需要人工智能技术领域的专家和教育领域的专家合力完成。

(3) 推进人工智能与教育产生深度融合效应

人工智能应用于教育领域，主要是与学校教育、家庭教育和社会教育的深度融合。只有如此，人工智能才能大规模、大范围地推动教育信息化创新发展，促使未来教育真正拥有"智慧"。人工智能与教育的深度融合，需要从实际出发，将教育人工智能产品与学校学习、家庭学习和社会学习真正融合，探索新型教学模式、教学设计模式、学习模式、管理和评价模式等。人工智能与教育深度融合产生的融合效应值得期待。

(4) 做好人工智能变革教育的准备

为了更好地迎接人工智能时代，促进人工智能与教育产生深度融合效应，学生、家长、教师、教育行政人员等必须做好人工智能变革教育的准备。以教师和学生为例，作为教师，首先应该积极地尝试运用人工智能技术支持的系统或工具来辅助教学，并且结合自己的课程性质和特点设计个性化的课程教学，力求创新。其次，要在积极引导学生尝试新的事物，在提高学生的学习主动性、学习兴趣等方面做出努力。最后，作为教师要与时俱进，跟上时代的步伐，积极学习关于人工智能方面的基础知识。作为学生，则应该积极跟随教师的指引，使用各类智能化学习工具，除此之外，还应该善于使用支持自学的各类智能化应用，以提高自身学习效率，提升自我学习能力，如英语单词、口语学习等智能化 APP 的应用。

人工智能与教育领域的深度融合，将会显著提升教育生产力，让未来的教育真正拥有"智慧"。经过 70 年的发展，人工智能理论和技术逐渐成熟，人工智能产品日益丰富。尤其是近年来，教育人工智能研究和实践应用呈井喷式发展，教育人工智能产品发展迅速，涌现了诸多典型应用案例。国家高度重视人工智能发展，将人工智能上升为国家战略，大力推进教育人工智能创新应用，实施全民智能教育项目。教育人工智能未来发展，需要加强政策引导和标准规范，推进教育人工智能技术创新，推进人工智能与教育产生深度融合效应，做好人工智能变革教育的准备。

拓 展 资 料

北京师范大学智慧学习研究院. 2016 年全球教育机器人发展白皮书[EB/OL]. (2016-11-25)[2018-08-15]. http://sanwen8. cn/p/34f FTTF. html.

国务院. 新一代人工智能发展规划[Z]. (2017-07-08)[2018-08-15]. http://www.gov.cn/zhengce/content/2017-07/20/content_5211996. htm.

黄荣怀. 2018. 人工智能在教育有多少潜能可挖[N]. 中国教育报, (003).

黄伟, 聂东, 陈英俊. 2001. 人工智能研究的主要学派及特点[J]. 赣南师范学院学报, (03): 73-75.

金嘉康. 1991. 美国教育技术未来发展趋势——人工智能(AI)研究和专家系统发展情况简介[J]. 外语电化教学, (02): 3-5.

金嘉康. 1998. 人工智能与教育训练[J]. 外语电化教学, (04): 8-10.

舒跃育. 2017. 人工智能发展处于弱人工智能阶段[N]. 中国社会科学报, 005.

王运武, 杨萍. 2017. 《2017 地平线报告(高等教育版)》解读与启示——新兴技术重塑高等教育[J]. 中国医学教育技术, 31(02): 117-123.

王正旋. 1984. 人工智能技术在教育中的应用[J]. 计算机科学, (02): 33-34, 16.

卫荣, 马锋, 侯梦薇, 等. 2017. 人工智能在医学教育领域的应用研究[J]. 医学教育研究与实践, 25(06): 835-838.

闫志明, 唐夏夏, 秦旋, 等. 2017. 教育人工智能(EAI)的内涵、关键技术与应用趋势——美国《为人工智能的未来做好准备》和《国家人工智能研发战略规划》报告解析[J]. 远程教育杂志, 35(01): 26-35.

张剑平. 2003. 关于人工智能教育的思考[J]. 电化教育研究, (01): 24-28.

朱永新, 袁振国, 马国川. 2018. 人工智能与未来教育[M]. 太原: 山西教育出版社, 1-10.

Alexandru A, Tirziu E, Tudora E, et al. 2015. Enhanced education by using intelligent agents in multi-agent adaptive e-learning systems[J]. Studies in Inform and Control, 24(1): 13-22.

Alimisis D, Moro M, Arlegui J, et al. 2007. Robotics & constructivism in education: The TERECoP project[C]. EuroLogo, 40: 19-24.

Drigas A S, Ioannidou R E. 2012. Artificial Intelligence in Special Education: A Decade Review[J]. Inter J of Engineering Edu, 28(6): 1366.

Drigas A, Vrettaros J. 2004. An intelligent tool for building e-learning contend-material using natural language in digital libraries[J]. WSEAS Transactions on Information Science and Applications, 1(5): 1197-1205.

Ed Felten. Preparing for the Future of Artificial Intelligence[EB/OL]. (2016-05-03)[2018-08-15]. https://obama whitehouse. archives. gov/blog/2016/05/03/preparing-future-artificial-intelligence.

Hu Guoping, Zhu Bo, Sheng Zhichao, et al. 2017. Application of Artificial Intelligence for Automatic Evaluation in Education Field[J]. Inform Technol & Standard, (11): 27-29.

IBM. Watson[EB/OL]. (2011-02-14)[2018-08-15]. http://www-31. ibm. com/ibm/cn/cognitive/outthink/.

Kaplan J. 2015. Humans Need Not Apply: A Guide to Wealth and Work in the Age of Artificial Intelligence[M]. New Haven: Yale University Press, 1-16.

Knewton. The best in Adaptive Learning Technology[EB/OL]. (2018-03-21)[2018-08-15]. https://www. knewton. com/.

Liao S H. 2005. Expert system methodologies and applications—a decade review from 1995 to 2004[J]. Expert systems with applications, 28(1): 93-103.

McAlister M J, Wermter S. 1999. Rule generation from neural networks for student assessment[C]. Inter Joint Conference on Neural Networks, Washington, USA, 6: 4269-4273.

Newsela. Instructional Content Platform [EB/OL]. (2016-11-09) [2018-08-15]. https: //newsela. com/company/.

Siau K. Impact of Artificial Intelligence, Robotics, and Automation on Higher Education [EB/OL]. (2018-03-21) [2018-08-15]. http: //aisel. aisnet. org/cgi/viewcontent. cgi?article=1579&context=amcis2017.

Utku K, Durmus K. 2014. Artificial Intelligence applications in distance education[M]. Hershey: IGI Global, 1-5.

Yigit T, Koyun A, Yuksel A S, et al. An Example Application of an Artificial Intelligence-Supported Blended Learning Education Program in Computer Engineering[EB/OL]. (2018-03-21) [2018-08-15]. https: //www. igi-global. com/chapter/an- example-application-of-an-artificial-intelligence-supported-blended-learning-education-program-in-computer-engineering/126702.

第 3 章
教育机器人发展现状

学习目标

1. 熟悉教育机器人政策。
2. 理解教育机器人的起源与发展。
3. 掌握教育机器人的定义和分类。
4. 掌握教育机器人学理论体系。
5. 分析教育机器人研究现状。
6. 分析教育机器人产业发展现状与趋势。
7. 比较分析教育机器人产品优缺点。

知 识 点

教育机器人政策、机器人发展战略、机器人产业发展规划、人工智能发展规划、教育机器人、教育机器人学、教育机器人学理论体系、教育机器人标准、教育机器人产业、教育机器人产品、虚拟机器人系统、机器人在线仿真平台。

技 能 点

查阅教育机器人政策文件,深度分析《机器人产业发展规划(2016—2020 年)》,深度分析《新一代人工智能发展规划》,深度分析教育机器人的起源与发展,深度分析教育机器人的定义和分类,深度分析教育机器人学理论体系,深度分析教育机器人研究现状,深度分析教育机器人产业,预测教育机器人产业发展趋势,深度分析教育机器人产品,熟练使用虚拟机器人系统,熟练使用乐高搭建软件,熟练使用机器人在线仿真平台。

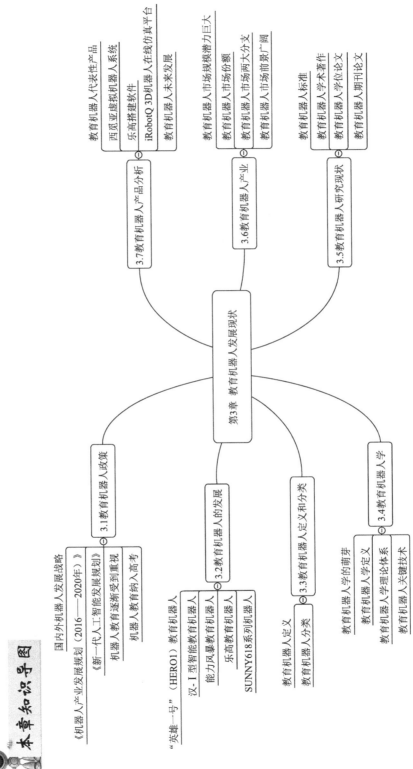

本章知识导图

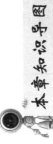

第3章 教育机器人发展现状

3.7教育机器人产品分析
- 教育机器人代表性产品
  - 西觅亚虚拟机器人系统
  - 乐高搭建软件
  - iRobotQ 3D机器人在线仿真平台
- 教育机器人未来发展

3.6教育机器人产业
- 教育机器人市场规模潜力巨大
- 教育机器人市场份额
- 教育机器人市场两大分支
- 教育机器人市场前景广阔

3.5教育机器人研究现状
- 教育机器人标准
- 教育机器人学术著作
- 教育机器人学位论文
- 教育机器人期刊论文

3.1教育机器人政策
- 国内外机器人发展战略
- 《机器人产业发展规划（2016—2020年）》
- 《新一代人工智能发展规划》
- 机器人教育逐渐受到重视
- 机器人教育纳入高考

3.2教育机器人的发展
- "英雄一号"（HERO1）教育机器人
- 汉-Ⅰ型智能教育机器人
- 能力风暴教育机器人
- 乐高教育机器人
- SUNNY618系列机器人

3.3教育机器人定义和分类
- 教育机器人定义
- 教育机器人分类

3.4教育机器人学
- 教育机器人学的萌芽
- 教育机器人学定义
- 教育机器人学理论体系
- 教育机器人关键技术

思 考 题

1. 教育机器人政策对促进教育机器人产业发展具有什么作用？
2. 教育机器人政策对促进机器人教育发展具有什么作用？
3. 阐述教育机器人的发展史。
4. 阐述教育机器人的内涵。
5. 教育机器人如何分类？
6. 阐述教育机器人学的内涵。
7. 阐述教育机器人学理论体系。
8. 阐述教育机器人关键技术。
9. 阐述教育机器人研究现状及未来发展趋势。
10. 阐述教育机器人产业现状及未来发展趋势。
11. 列举教育机器人代表性产品，并分析其优缺点。
12. 预测教育机器人未来发展趋势。

3.1　教育机器人政策

研创活动

- 查阅国内外机器人发展政策文件，比较各国机器人发展战略。
- 阅读《机器人产业发展规划(2016—2020 年)》，谈谈这个规划对促进机器人产业发展的作用。
- 阅读《新一代人工智能发展规划》，谈谈这个规划对促进人工智能发展的作用。
- 结合自己的体会，谈谈为什么机器人教育逐渐受到重视。
- 结合自己的体会，分析机器人教育纳入高考的利弊。

1. 国内外机器人发展战略

全球很多国家对机器人产业发展高度关注，将其作为重点项目，并当作国家发展的重要战略之一，提高在国际制造业中的竞争优势。中国、韩国、日本、美国、德国的机器人发展战略见表 3-1。

表 3-1　机器人发展战略

国家	年份	机器人发展规划
中国	2012	《服务机器人科技发展"十二五"专项规划》
	2012	《智能制造装备产业"十二五"发展规划》

续表

国家	年份	机器人发展规划
中国	2013	《工业和信息化部关于推进工业机器人产业发展的指导意见》
	2015	《中国制造 2025》
	2016	《机器人产业发展规划(2016—2020 年)》
	2017	《新一代人工智能发展规划》
韩国	2008	《智能机器人促进法》
	2009	《智能机器人基本计划》
	2012	《机器人在未来战略展望 2022》
	2013	《第二次智能机器人行动计划(2014—2018 年)》
	2014	《〈智能机器人基本计划〉第二期》
日本	2013	"机器人特区" 2014
	2014	《机器人白皮书》
	2014	《新经济增长战略》
	2015	《机器人新战略》
美国	2011	"国家机器人计划"
	2011	"先进制造伙伴计划"
	2013	《机器人技术路线图：从互联网到机器人》
	2017	《国家机器人计划 2.0》
德国	2012	"工业 4.0 计划"
	2015	"智慧数据项目"

2. 《机器人产业发展规划(2016—2020 年)》

2016 年 3 月 21 日，工业和信息化部、国家发展和改革委员会、财政部联合发布《机器人产业发展规划(2016—2020 年)》，以更好地贯彻落实《中国制造 2025》中将机器人作为重点发展领域的总体部署，推进中国机器人产业快速健康可持续发展。

该发展规划提出推进弧焊机器人、真空(洁净)机器人、全自主编程智能工业机器人、人机协作机器人、双臂机器人、重载 AGV、消防救援机器人、手术机器人、智能型公共服务机器人、智能护理机器人十大重大标志性产品率先突破。该发展规划还提出加强人才队伍建设，组织实施机器人产业人才培养计划，加强大专院校机器人相关专业学科建设，加大机器人职业培训教育力度，加快培养机器人行业急需的高层次技术研发、管理、操作、维修等各类人才。

3. 《新一代人工智能发展规划》

2017 年 7 月 8 日，国务院发布《新一代人工智能发展规划》，该规划指出，人工智能发展进入新阶段，人工智能成为国际竞争的新焦点，人工智能成为经济发展的新引擎，人工智能带来社会建设的新机遇，人工智能发展的不确定性带来新挑战。

《新一代人工智能发展规划》提出六大重点任务：①构建开放协同的人工智能科技创新体系；②培育高端高效的智能经济；③建设安全便捷的智能社会；④加强人工智能领域军民融合；⑤构建泛在安全高效的智能化基础设施体系；⑥前瞻布局新一代人工智能重大科技项目。

在重点任务"培育高端高效的智能经济"中提出"大力发展人工智能新兴产业"。

《新一代人工智能发展规划》中关于智能机器人的描述："智能机器人。攻克智能机器人核心零部件、专用传感器，完善智能机器人硬件接口标准、软件接口协议标准以及安全使用标准。研制智能工业机器人、智能服务机器人，实现大规模应用并进入国际市场。研制和推广空间机器人、海洋机器人、极地机器人等特种智能机器人。建立智能机器人标准体系和安全规则。"

在重点任务"建设安全便捷的智能社会"中提出"发展便捷高效的智能服务"，要求"围绕教育、医疗、养老等迫切民生需求，加快人工智能创新应用，为公众提供个性化、多元化、高品质服务"，其中关于"智能教育"的描述如下："智能教育。利用智能技术加快推动人才培养模式、教学方法改革，构建包含智能学习、交互式学习的新型教育体系。开展智能校园建设，推动人工智能在教学、管理、资源建设等全流程应用。开发立体综合教学场、基于大数据智能的在线学习教育平台。开发智能教育助理，建立智能、快速、全面的教育分析系统。建立以学习者为中心的教育环境，提供精准推送的教育服务，实现日常教育和终身教育定制化。"

4. 机器人教育逐渐受到重视

近年来，人工智能教育越来越受到重视，中小学阶段逐步设置人工智能相关课程，逐步推广编程教育。随着教育课程改革的深入和人工智能技术的发展，在信息技术教育中加强机器人学科知识与机器人应用前景方面的教育已势在必行。

2016年1月，教育部组织召开《机器人学中小学课程教学指南》专家论证会，标志着我国机器人义务教育的全面开展。此指南将指导全国中小学机器人基础教育的教学规范、教学标准、教学大纲，为验证广大青少年动手动脑能力提供检验标准。

机器人学中小学系列教材分类为：机器人学小学教材(上、下册)，由空中机器人教材和陆地机器人教材组成；机器人学中学教材(上、中、下册)，由空中机器人教材、陆地机器人教材、水中机器人教材组成。

2017年，教育部发布《普通高中通用技术课程标准(2017年版)》，在选择性必修课程模块中增设了"机器人设计与制作"。

5. 机器人教育纳入高考

由于对机器人类人才开设自主招生渠道，大学竞相开设机器人专业。2016年3月，教育部正式发文批准东南大学设置本科机器人工程专业，东南大学成立了中国历史上第一个机器人本科专业。从2016年开始招生，计划招生30人，培养目标为以机器人为核心的自动化生产线、成套设备设计、研发和应用系统工程师。

2017 年，北京大学、清华大学、北京航空航天大学、北京科技大学、北京理工大学等数百家院校开设机器人类人才自主招生渠道。由于国家政策激励，以及高考招生的影响，教师、家长和学生越来越重视机器人教育，各种机器人竞赛备受重视。

3.2　教育机器人的发展

研创活动

- 查阅教育机器人发展历史，分析制约教育机器人发展的瓶颈。

1. "英雄一号"（HERO1）教育机器人

1985 年，上海第一机床厂从美国 HEATH 公司引进整套零件，组装成功"英雄一号"（HERO1）教育机器人。引进机器人是为了满足国内学校机器人教学和有关单位科研的需要。它包括头、臂和身体三部分。上面有键盘的部分是头，可以左右旋转 350°。臂装在头部，带有指爪，有 5 个自由度，各关节有步进电机控制，指爪可握持重达 1lb 的物体，手臂能灵活地做各种动作。头部以下部分即为身体，下面有三个行走轮，由光电编码盘、直流电机等组成伺服系统控制，既能控制行走的距离，也能控制行走的方向。

2. 汉-Ⅰ型智能教育机器人

1989 年，华中理工大学机械工程一系数控教研室研制成功汉-Ⅰ型智能教育机器人。这台机器人应用了机械、电子、控制和人工智能等先进的科学技术，是技术密集型的教学科研产品。它的技术关键在于其动作拟人化、功能智能化、声音合成规范化和软件模块化，综合运用了多自由度控制实现拟人化、汉语童音合成、超声测距、红外搜索目标等技术。汉-Ⅰ型智能教育机器人外形是一个身高 1.35m 的女童，由 15 个电动机驱动，具有 15 个自由度，可以实现移动、点头、摇头、眨眼、张嘴、鞠躬、招手和简单的舞蹈等动作。可以根据需要对上述动作进行组合，实现各种拟人工作，也可以用示教盒进行示教再现。

3. 能力风暴教育机器人

能力风暴机器人产品分析，详见本章 3.7 教育机器人产品分析。

4. 乐高教育机器人

1989 年，丹麦乐高就将教育部门改名为 LEGO DACTA。"Dacta"一词源于希腊词

"Didactic"，意思是"有目的的研究，研究的意义和精髓以及研究的过程"。

20世纪90年代初，乐高推出了一系列DACTA套件，如编号为9700的Technic Control Set；编号为9701的Control Lab Building Set；编号为9612的Levers Set；编号为9630的Simple Mechanisms Set，以及配套的编号9751的简单的程序控制器都是在工程、结构、控制上帮助学习的套件。

20世纪90年代后期，乐高还推出了一些经典的educational（正式标注为教育）机械套件，如适合8岁及以上的：9618，Structures Set，9630，Simple Mechanisms Set，9665，Mechanical Engineering。这些基本上是DACTA系列的升级。

1998年，乐高推出了"RCX课堂机器人"系列，它将乐高强大的积木式搭建系统、电脑编程和丰富的课堂活动有效地结合在一起，容易使用、任意拼装及其开放性马上吸引了大量的机器人爱好者。它可以让学生有机会发挥想象力来设计自己的机器人，为学校的传统课程带来了一种全新的教育方式。其核心教育思想就是"动手做，做中学"，学生们需要共同面对不同的挑战，分享他们的想法解决实际发生的问题，广泛应用在科学、技术、工程和数学等领域。

2006年，乐高推出新一代NXT蓝牙教育机器人，这套全新组装型机器人全身布满了感应器，可以根据感应到的声音和动作做出适当反应，它对于光线和触觉的反应更加灵敏。NXT机器人的控制系统是一个32位的微处理器，可以通过PC或Mac下载程序。在组装好机器人的肢体之后，用户可以使用类似LabView的界面对它进行编程，通过搭建编写程序控制乐高NXT蓝牙机器人的创造性学习过程，让学生强烈体验探索科技、工程学和数学的乐趣及经历亲身搭建的过程，帮助学生循序渐进地发展技能，使其成为激发学生的想象力和亲手实践的学习工具。

RCX和NXT的最大区别就是处理器从8位升级到32位，处理能力大幅提高，同时一些细节也有变化，如NXT使用的是RJ-45接口。乐高NXT使用了"ROBOLAB2.9"，该软件不仅可以制作NXT用的程序，也可以完成RCX控制的程序。以前需要操作430个图标进行编程，新程序的图标比以前有所减少，从而使编程更为简单。在通信方面，它配备了USB接口可以直接与PC相连，还配备了蓝牙功能，可与手机等手持设备实现联动。

2007年，乐高推出新科学与技术套装（9686），并由此延伸出简单机械套装（9689）。学生通过搭建模型来预测、观察、调整、记录各项指标，直接体验到力、能量、磁性等知识。可以学习的知识点包括力和运动，即力、动能、动力和空气压力等；测量即测量距离、齿轮比、校准等；能量即能源再生、空气阻力、压力、势能等；磁学即材质、磁铁、引力和斥力等。9686系列是非常典型的以科学+工程为主的STEAM教育套件。

2009年，乐高正式推出NXT2.0，是EV3的上一代产品。2013年，乐高推出EV3，最大的特点是无须使用计算机就可以编程。EV3配备了一块"智能砖头"，用户可以使用它对自己的机器人编辑各种指令。EV3套件结合各种乐高科技积木件，可以实现各种变化和控制。

2016年，乐高推出WeDo2.0套装，套装包括了280个积木组件和一套教学解决方案。学生按照图纸将机器人组装好之后，通过低通蓝牙受平板电脑操作系统的控制。

WeDo 系列为不同的功能准备了不同的模块，如转向、前进、探测障碍物、播放音乐等，学生可以通过拖动模块编程，构建一个指令序列，机器人就会相应做出回应。

2017 年，乐高发布新款编程机器人 LEGO Boost。LEGO Boost 的硬件指标包括 843 个颗粒(很多零件都是专用的)、主控 HUB 配有两个内置马达和倾斜传感器、外接的颜色/距离传感器、外接的扩展马达、采用 6 节 AAA 电池供电。Boost 的主机通过蓝牙连接平板设备，连接体验相当流畅。主机 HUB 自带两个电机，可以直接进行驱动；还具备两个接口，可以用来连接马达和传感器。Boost 具备了三种单独的驱动能力，通过使用编程进行控制，组合出需要的运动效果。马达部件上有很多积木块结构，可以与其他零件连接，便于灵活拼搭造型。Boost 的官方提供五种搭建模型，分别是一个机器人、一只小猫、一把吉他、一辆拖车和一个流水线机器人工厂。

5. SUNNY618 系列机器人

2004 年，刘任平博士研制开发了 SUNNY618 系列机器人。SUNNY618 教育机器人通过结构组装、程序编制、功能实现和扩展三种方式培养学生的动手操作能力和想象能力。一套 SUNNY618 教育机器人包括固定板、轮足、长短轴、轮带、电机、传感器、控制板等部分。学习者可组装搭建成三种机构形式——双轮式、六足式、履带式，并有三种减速比可随意使用。用户可以自己通过三种方式实现程序的反复编制和存储。初级和中级用户可以通过教育机器人图形化程序设计平台在个人计算机上利用图形模块或 ROBOT-C 语言编程；高级用户可以通过单片机汇编语言在写入器上编程。教育机器人的基本配置有红外线、灰度检测、接触三种基本传感器。此外还有温度、湿度、烟雾、人体移动、超声波、速度检测、钢铁探测等多种传感器可供选择。

3.3　教育机器人定义和分类

研创活动

- 查阅教育机器人定义，谈谈教育机器人的内涵。
- 教育机器人的分类依据有哪些？按照不同的分类依据，教育机器人如何分类？

1. 教育机器人定义

教育机器人是为学习机器人相关知识或为利用机器人开展教育教学，而专门设计的一种服务机器人，具有与物理环境或使用者交互的能力，具有一定程度的教学环境适应性、技术开放性、功能可扩展性的特点。教育机器人是由生产厂商专门开发的以激发学生学习兴趣、培养学生综合能力为目标的机器人成品、套装或散件。教育机器人是面向教育领域专门研发的以培养学生分析能力、创造能力和实践能力为目标的机器人，具有教学适用性、开放性、可扩展性和友好的人机交互等特点。教育机器人也是一种典型的数字化益智教具，适用于各种人群，可通过多样化的功能达到寓教于乐的目的。

　　教育机器人是一类应用于教育领域的机器人，它一般具备以下特点：首先是教学适用性，符合教学使用的相关需求；其次是具有良好的性能价格比，特定的教学用户群决定了其价位不能过高；再次就是它的开放性和可扩展性，可以根据需要方便地增减功能模块，进行自主创新；最后，它还应当有友好的人机交互界面。

2. 教育机器人分类

　　教育机器人按照用途、物质形态、面向对象等分类依据分为很多种类，见表 3-2。不同类型的教育机器人外形和功能具有较大差异，例如：学习型机器人提供多种编程平台，并允许用户自由拆卸和组合，允许用户自行设计某些部件；比赛型机器人一般提供一些标准的器件和程序，只能够进行少量的改动。

　　大学生可以根据所学的编程知识去编译自己想要实现的任何代码或者指令；小学生由于受到编译能力的限制，只能使用已编译好的命令来进行指令模拟。

表 3-2　教育机器人分类

序号	分类依据	教育机器人种类
1	按照用途分类	学习型机器人、比赛型机器人
2	按照物质形态分类	虚拟教育机器人、实体教育机器人
3	按照面向对象分类	幼教机器人、中小学生机器人、大学生机器人
4	按照形状分类	操作手势教育机器人、移动教育机器人、类人教育机器人、爬行教育机器人、水下教育机器人、飞行教育机器人
5	按照学习者构建机器人的机械形态分类	专用结构教育机器人、专用积木式教育机器人、通用积木式教育机器人
6	按照课程类别分类	机器人竞赛用教育机器人、技术教育课程用教育机器人、科学教育课程用教育机器人、工程创新与实践课程用教育机器人、专业工科课程实践与实验用教育机器人
7	按照能否移动和具有关节分类	移动型教育机器人、关节型教育机器人、混合型教育机器人

3.4　教育机器人学

研创活动

- 查阅教育机器人学资料，谈谈教育机器人学的内涵。
- 查阅教育机器人学资料，谈谈如何构建教育机器人学理论体系。
- 查阅教育机器人关键技术的相关资料，谈谈制约教育机器人未来发展的关键技术有哪些。

1. 教育机器人学的萌芽

教育机器人学的萌芽来源于直觉地把机器人用于教育的实践。教育机器人公司的产品研发和产品应用也成为教育机器人学萌芽阶段的重要力量，为全球教育机器人的应用实践提供了开创性平台。

1989 年，Parker、Martin、Sargent 在麻省理工学院创办了名为 6.270 的课程。该课程实质是一个面向本科生的机器人设计竞赛，参加该课程的学生组成一个小组，运用统一的器材设计参加比赛的机器人。该课程的影响深远，许多机器人比赛项目的灵感均来源于此课程，把机器人设计实践导入大学工程教育的思想大多来源于此课程，由于这项教育实践有着里程碑式的意义，因此 1989 年被认为是教育机器人学的萌芽之年。

从 1989 年开始，教育机器人学的应用实践得到了迅猛发展，为教育机器人这一全新学科的诞生奠定了坚实的基础。到目前为止，全球每年要举行一百多种机器人比赛，有力推动了教育机器人的教育实践活动。教育机器人课程实践也成为重要的教育实践活动。

与丰富多彩的教育机器人学的应用实践相比，教育机器人学的理论研究比较散乱，学者尚未把教育机器人学作为全新的、独立的、自成体系的学科方向来系统地研究，主要原因是教育学属于综合的社会科学，机器人学属于最综合的科学和工程学科，很难有学者同时精通教育学和机器人学，目前国际上尚没有真正的旗帜性的教育机器人学家。教育机器人学理论研究散布在教育学或机器人学的研究中。

一个工程新学科的形成过程分为萌芽、成长、成熟、稳定发展四个阶段。萌芽阶段的特征是拥有丰富创新的实践活动，理论成果少，分散，不系统；成熟阶段的特征是开始快速出现术语，以及大量的理论性论文；成熟阶段的标志是出现一个集大成的学者，出一本奠基性质的专著，接着会有一系列的专著。

教育机器人学从 1989 年的萌芽算起，开始进入新学科形成的萌芽后期、成长前期，教育机器人学将开始迎来理论上的快速发展。

2. 教育机器人学定义

教育机器人学是由美国著名教育学家 Jake Mendelssohn 教授和能力风暴创始人恽为民博士于 1996 年共同创立的，教育机器人学的三大教育理论基石是建构主义、多元智能和成功智力。

教育机器人学是融合教育学和机器人学的综合性学科，兼具教育学、科学和工程学科三重特性，重点研究机器人的教育价值、教育理论和教育实践，研究用于教育的机器人及相关理论。

维基百科定义教育机器人学是一个广义的术语，指一系列的活动、教学程序、物理平台、教育资源和教学哲学。教育机器人学的主要目标是提供一套经验，以促进学生对机器人设计、分析、应用和操作的知识、技能和态度的发展。

教育机器人学融教育学、科学与工程于一体，是一门独具魅力极具社会价值的全新综合性学科。教育机器人的研究属于跨领域的研究，涵盖计算机科学、教育学、自动控制学、机械学、材料科学、心理学、光学等各领域。

3. 教育机器人学理论体系

教育机器人学的理论体系重点要解决以下八大理论问题：

(1)为什么机器人是技术教育的最佳平台？为什么机器人能提升技术教育的内涵？为什么基于机器人的技术教育在中小学教育中应该拥有比科学更重要的角色？

(2)为什么基于机器人的工程教育在大学工科教育中越来越重要？

(3)教育机器人的教育理论基石是什么？教育理论如何指导基于机器人的教育实践（教学模式设计、课程设计、评价体系设计、教学环境设计、教师与学生的交互方式、教师的培训体系）？

(4)基于机器人的技术教育如何导入现有教育体系，如何在现有教育体系中进化？

(5)教育机器人的设计理论是什么？设计理论如何指导教育机器人的开发？

(6)教育机器人开发中需要什么样的机器人学理论工具？

(7)教育机器人应用中需要什么样的理论工具？

(8)基于机器人的中小学技术教育和基于机器人的大学工程教育中需要什么样的教育理论工具或方法？

4. 教育机器人关键技术

教育机器人的未来发展目标是，教育机器人如同"真人"一般进行思考、动作和互动。人工智能、语音识别和仿生科技等是未来发展教育机器人的关键技术，是评估教育机器人实现应用的标准。

(1)人工智能

人工智能（artificial intelligence，AI）是计算机科学的一个分支，是主要研究、开发用于模拟、延伸和扩展人的智能的理论、方法、技术及应用系统的一门综合性学科，是制作智能机器的科学和工程，特别是智能电脑程序，类似于使用电脑去理解人类智慧。人工智能技术是教育机器人的关键技术之一，其主要目标是模仿人脑所从事的推理、证明和设计等思维活动，使机器能够完成一些需要专家才能完成的复杂工作，扮演各种角色与使用者互动并提供反馈。在互动方面，教育机器人须具备如同真人般通过口语进行互动和沟通的能力；在智能方面，教育机器人须扮演教师、学习同伴、助理或者顾问等多重角色，并与使用者进行互动和提供反馈。

(2)语音识别

语音识别即机器自动语音识别（automatic speech recognition by machine），是近年来信息技术领域的重要科技之一，已被应用于信号处理、模式识别和人工智能等众多领域。语音识别技术以语音为研究对象，通过编码技术把语音信号转变为文本或命令，让机器能够理解人类语音，并能准确识别语音内容，实现人与机器的自然语言通信。比较知名的语音识别技术包括 IBM 公司推出的 Via Voice、苹果公司研发的 Siri 语音助理等。自然语言作为人与机器人进行信息交互的重要手段之一，将起到越来越重要的作用。

(3) 仿生科技

仿生科技是工程技术与生物科学相结合的一门交叉学科。当前仿生技术发展迅速，运用范围广泛，机器人技术是其主要的结合和应用领域之一。教育机器人中运用仿生技术来模仿自然界中生物的外部形状或某些技能，使机器人具有人一般的外形，做出如同真人一般细腻的动作，具体包括人体结构仿生、功能仿生和材料仿生等——人形机器人正是仿生科技在机器人领域的应用典型。在感知与行为能力方面，为了使机器人达到如同真人一般的感知与行为能力，整合生物、信息科技及机械设计的仿生科技将成为发展教育机器人的关键技术。

3.5　教育机器人研究现状

- 查阅教育机器人标准，谈谈这些标准对规范教育机器人市场和产品有哪些作用。
- 查阅教育机器人学术著作，概述其主要内容。
- 查阅教育机器人学位论文和期刊论文，分析教育机器人热点研究方向。

国外教育机器人的研究开展较早。早在 20 世纪 60 年代，日本、美国、英国等已经相继在大学里开始了对机器人教育的研究，同时在中小学开始了机器人教学，在此过程中也推出了各自的教育机器人基础开发平台。中国的机器人研究在 20 世纪 70～80 年代就已开展，在我国的"七五"计划、"863"计划中均有相关的内容。但针对中小学的机器人教学起步较晚，到 20 世纪 90 年代后期才得到了初步的发展，目前发展仍不完善。

进入 21 世纪，专家学者越来越关注教育机器人，教育机器人相关的著作和学术论文逐年增多。但是总体来说，教育机器人研究还比较薄弱，因而也制约着教育机器人产业的发展。

1. 教育机器人标准

2016 年 12 月 31 日，中国标准出版社出版《教育机器人安全要求》(GB/T 33265—2016)。该标准界定了机器人、教育机器人、移动型机器人、关节型教育机器人、混合型教育机器人的定义，提出了教育机器人的安全要求和保护措施，规范了教育机器人的标记、图形符号、使用说明、保留包装、操作规范、安全防护等使用资料。

2016 年世界机器人大会期间，中国电子学会发布了 6 项机器人团体标准及智能机器人 Bots 平台，共同推出《机器人抛磨系统安全要求与评级》《机器人抛磨系统通用规范》

《教育机器人术语》《快递机器人术语》《轮式机器人动力学性能测试方法》《基于知识库的语义分析系统接口功能要求》六项团体标准。标准立足于响应机器人领域新兴交叉技术、产品及市场对标准化的迫切需求，规范市场发展，引领技术前沿，占领标准高地，助力机器人产业壮大。

　　智能机器人 Bots 平台，作为一个公益、共享和开放的平台，将为创新创业者提供技术保障，为人工智能产业发展助力。Bots 平台将实现智能机器人核心的交互能力"大脑"开放给人工智能从业者，让开发者发挥所长，实现技术与应用的快速转换。

2. 教育机器人学术著作

　　目前，关于机器人的著作较多，近几年关于教育机器人的著作迅速增加，具有代表性的教育机器人著作见表 3-3。

表 3-3　教育机器人著作一览表

序号	著作名称	作者	出版社	出版年份
1	《中小学机器人教育的理论与实践》	钟柏昌	科学出版社	2016
2	《玩转智能机器人 mBot Ranger——搭建与编程》	邱信仁　周泰民	人民邮电出版社	2017
3	《面向 STEM 的 mBlock 智能机器人创新课程》	周迎春	人民邮电出版社	2017
4	《用 Scratch 与 mBlock 玩转 mBot 智能机器人》	王丽君	人民邮电出版社	2017
5	《简易机器人制作入门》	张海涛　兰海越	人民邮电出版社	2017
6	《教育机器人的风口：全球发展现状及趋势》	刘德建　黄荣怀　陈年兴　樊磊	人民邮电出版社	2016
7	《Arduino 创意机器人入门》	谢代如　张禄	人民邮电出版社	2016
8	《乐高创意机器人教程(初级 6~12 岁)》	隋金雪　邢建平	清华大学出版社	2016
9	《乐高机器人 EV3 探索书》	(荷)Laurens Valk 著，王睿译	人民邮电出版社	2016
10	《机器人 STEAM 创客教育(项目式教学)》	岳鹏　张濠铠	中国质检出版社	2016
11	《教育机器人安全要求(GB/T 33265—2016)》	中华人民共和国国家质量监督检验检疫总局 中国国家标准化管理委员会	中国标准出版社	2016
12	《智能机器人制作与程序设计》	王同聚	教育科学出版社	2015
13	《乐高机器人 EV3 创意搭建指南——181 例绝妙机械组合》	(日)五十川芳仁 著，韦皓文 译	人民邮电出版社	2015
14	《趣味机器人入门——基于乐高教育机器人的创新设计》	仲照东　马金平　李益明　孙建军	电子工业出版社	2015
15	《机器人创新与实践》	韩继彤　王德庆	武汉大学出版社	2015
16	《小创客机器人教程》	袁明宏　陈俊红	清华大学出版社	2015
17	《智能传感器应用项目教程——基于教育机器人的设计与实现》	秦志强　李昌帅　许国璋	电子工业出版社	2010
18	《简易机器人制作：通用技术(选修 3)》	顾建军	江苏凤凰教育出版社	2005

3. 教育机器人学位论文

2004 年，于国胜撰写了第一篇教育机器人硕士学位论文《教育机器人的设计与应用研究》。2004—2017 年，共有教育机器人学位论文 26 篇，其中仅有葛艳红撰写 1 篇教育机器人博士学位论文《基于物联网的教育机器人关键技术研究》。2004—2017 年教育机器人学位论文总体趋势见图 3-1。

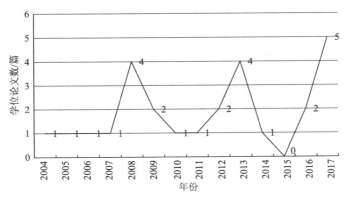

图 3-1　2004—2017 年教育机器人学位论文总体趋势

2004—2017 年教育机器人博士、硕士学位论文所在比例，见图 3-2。教育机器人博士学位论文 1 篇，占总数的 3.8%；教育机器人硕士学位论文 25 篇，占总数的 96.2%。

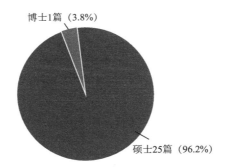

图 3-2　2004—2017 年教育机器人博士、硕士学位论文所在比例

4. 教育机器人期刊论文

1985 年，朱强华在《装备机械》发表了第一篇关于教育机器人的论文《"英雄一号"教育机器人访问记》。1985—2017 年，共发表期刊论文 68 篇，1985—2017 年教育机器人期刊论文总体趋势见图 3-3。

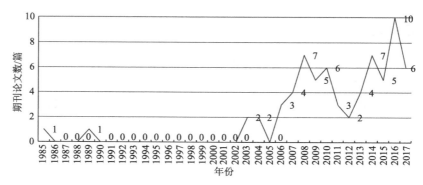

图 3-3　1985—2017 年教育机器人期刊论文总体趋势

3.6　教育机器人产业

- 查阅教育机器人产业资料，分析教育机器市场规模潜力。
- 查阅教育机器人产业资料，预测教育机器人产业发展趋势。

1. 教育机器人市场规模潜力巨大

《2016 全球与中国市场教育机器人深度研究报告》表明，2015 年全球服务机器人市场规模达 85 亿美元，分析机构预计，今后 5 年将以 13%增长率成长，到 2020 年全球服务机器人市场规模将近 160 亿美元，而作为服务型机器人重要分支的教育机器人，2015 年全球市场总额约 1 亿美元，预计到 2020 年将达到 2.4 亿美元，以每年 20%左右的速度增长。

中经视野咨询数据显示，2015 年我国教育机器人市场规模约为 5.60 亿元，同比增长 24.17%，见图 3-4。其中以中小学生用教育机器人为主，约为 3.64 亿元，同比增长 24.23%。我国教育机器人在应用上，主要以专业培训机构为主，近年来，在课外兴趣班领域的教育机器人应用规模逐渐扩大，2015 年市场规模约为 0.98 亿元，同比增长 34.17%。

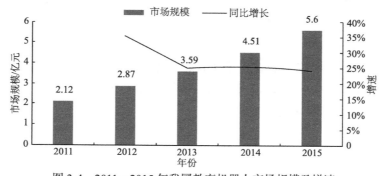

图 3-4　2011—2015 年我国教育机器人市场规模及增速

2. 教育机器人市场份额

2015 年国内市场中，教育机器人企业市场份额分析见图 3-5。乐高(LEGO)教育机器人市场占有份额约为 12.5%，上海未来伙伴机器人市场份额约占 9.3%。此外，乐博趣(韩国)教育机器人、好小子(中国台湾地区、日本、美国共同创立)教育机器人、深圳优必选、南京紫光科教、哈尔滨工业大学服务机器人等企业也占有了较小的市场份额。行业内前四位企业品牌市场份额之和约为 25.1%。

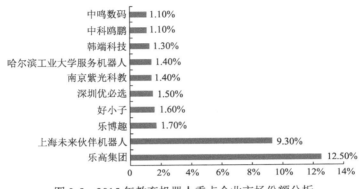

图 3-5　2015 年教育机器人重点企业市场份额分析

3. 教育机器人市场两大分支

整个教育机器人市场开始呈现出两大市场分支：一大分支是以乐高为代表的"硬件技术"派，主要偏重于机器人硬件技术，关注的重点在机器人本身的构造和组装上；另一大分支是以美国 WonderWorkshop 为代表的"教育功能"派，主要偏重于机器人的教育功能，通过将机器人硬件和丰富有趣的学习软件相结合，训练用户编程思维，培养学习兴趣。

4. 教育机器人市场前景广阔

全球高端教育机器人的主要产地仍在美国、欧洲和日韩等国家和地区，近几年中国教育机器人产品发展迅速。中国教育机器人行业正处于发展初期，教育机器人品牌企业也在不断发展壮大。

2017 年 2 月，教育部制定并出台了《义务教育小学科学课程标准》，标准中明确指出早期的科学教育对于一个人科学素养的重要性，同时提出需通过课程的设置来培养小学生的科学素养，强调了实践的重要性。机器人教学融合了计算机、机械工程、电子、通信、控制学等多个学科领域的知识，正好契合 STEAM 教育精髓。教育部明确推崇 STEAM 教育理念，无疑将催化教育机器人市场的发展。

与国外市场相比，我国的教育机器人市场起步稍晚一些，但市场前景还是非常广阔的。重视教育是中国的传统，在北京，平均每个家庭的教育投资占全家总支出的 1/3，好的教育产品在中国必有巨大的市场需求。

1989—2016 年，我国教育机器人专利申请数量总体上呈上升的趋势。2008 年之前我国教育机器人专利的申请数量增长缓慢，2013 年教育机器人行业专利申请数量达到 84 个，2016 年达到 162 个。

3.7　教育机器人产品分析

- 查阅教育机器人资料，分析教育机器人代表性产品。
- 安装西觅亚虚拟机器人系统，熟练掌握虚拟机器人系统功能。
- 安装乐高搭建软件，熟练掌握乐高搭建软件功能，并尝试搭建乐高创意作品。
- 安装 iRobotQ 3D 机器人在线仿真平台，熟练掌握机器人在线仿真平台功能。
- 预测教育机器人未来发展趋势。

1. 教育机器人代表性产品

从市场角度分析，教育机器人可分为"机器人教育"与"教育服务机器人"两种产品类型。机器人教育(robot education)是由学习者自行组装小机器人和编程计算机程序的学习，例如，LEGO Mindstorms、mBot 等可学习机器人背后运作逻辑的套件工具产品。教育服务机器人(educational service robots)是具有教与学智能的服务机器人，例如，网龙集团华渔教育科技有限公司研发的"未来教师"机器人可在朗读课文、点名、监考等应用情境中使用。可以按照表情动作、感知输入、机器人智能、社会互动、角色定位和用户体验六个维度来评价教育机器人产品成熟度。此外，市场上还出现了用于教学实训的教育机器人，例如，深圳市越疆科技有限公司推出了一款高精度轻工业级别的教育机器人，可以现场演示机器人作画。

目前，市场上常见的教育机器人品牌有能力风暴机器人、Makeblock 机器人、格物斯坦机器人、ROBOHIT 机器人、乐高机器人等，见表 3-4。这些教育机器人各具特色，能力风暴机器人、Makeblock 机器人、ROBOHIT 机器人、乐高机器人都提供丰富的机械配件、传感器等，让学习者自主搭建作品、设计程序，从而完成挑战项目。Dash & Dot、阿尔法蛋、布丁豆豆等智能机器人具有编程、智能交互等功能，兼具教育和娱乐功能。乐高机器人包括了控制器、传感器、伺服机构等各种元件，采用模块化结构，可以进行编程，能根据需要组合成不同要求的机器人。乐高机器人可应用于系统设计、传感器原理、微机原理、机电一体化技术、数控技术等多学科。例如，Boost 系列机器人将传统的玩具组合与创客运动的理念相结合，通过易于使用的、以应用程序为基础的编程环境，来提供完备的机器人功能。

表 3-4　教育机器人产品分析

品牌	系列产品	特点	适用对象	企业
能力风暴机器人	Krypton 氪积木系列	APP、流程图编程、条形图编程、C 语言编程、Java 编程	3～18 岁	上海未来伙伴机器人有限公司
	Oculus 奥科流思移动系列	APP、流程图编程、条形图编程、C 语言编程、Java 编程	3～18 岁	
	Boya 伯牙模块系列	APP、流程图编程、条形图编程、C 语言编程、Java 编程	3～18 岁	
	Argon 氩飞行积木系列	APP、流程图编程、条形图编程、C 语言编程、Java 编程	3～18 岁	
	Everest 珠穆朗玛系列	APP、流程图编程、条形图编程、C 语言编程、Java 编程	3～18 岁	
	Iris 虹湾飞行系列	APP、流程图编程、条形图编程、C 语言编程、Java 编程	14～18 岁	
Makeblock 机器人	STEAM 套件(mBot 入门可编程教育机器人套件、mBot Ranger 漫游者可编程教育机器人、高级十合一智能遥控可编程机器人套件、Starter 入门机器人套件、小发明家电子套件)	图形化编程，mBlock、M 部落、Makeblock APP、神经元 APP、mLaser、mDraw 等软件	8 岁以上	深圳市创客工场科技有限公司
	科技玩具套件(模块化可编程无人机、Makeblock 神经元)	图形化编程，mBlock、M 部落、Makeblock APP、神经元 APP、mLaser、mDraw 等软件	8 岁以上	
	DIY 平台(创客套件、机械、电子模块)	图形化编程，mBlock、M 部落、Makeblock APP、神经元 APP、mLaser、mDraw 等软件	8 岁以上	
格物斯坦机器人	积木系列	GSTEM 软件，刷卡编程、图形化编程、代码编程	青少年	格物斯坦(上海)机器人有限公司
	舵机系列	专为 STEAM 教育设计开发，融合多种传感器的模块化智能机器人套装，教学、创意和比赛平台	青少年	
	开源系列	丰富的模块与强大的兼容扩展能力，铝合金结构，兼容 Arduino 与 Scratch 平台	青少年	
	G-MAKER 系列	注重创客教育核心价值，集创客器材、课程资源、环创家具、课题研究及服务支持于一体，3D 建模软件、3D 打印机切片软件、Scratch 编程、Arduino	青少年	
ROBOHIT 机器人	Cubeworks	简单 3D 拼块设计	5～8 岁	哈尔滨工业大学机器人集团
	Smart	简单编程	8～15 岁	
	Hunoi	DIY 电脑机械臂、铰接式多足编程设置	12～18 岁	
乐高机器人	简单动力机械套装(9686)	STEAM 教育，10 个原理模型和 18 个主模型，同时配备有课堂活动手册	7 岁以上	乐高集团
	EV3 机器人套装(45544)	STEAM 教育，搭建与编程，创新设计	10～21 岁	

续表

品牌	系列产品	特点	适用对象	企业
乐高机器人	EV3 机器人太空挑战套装(45570)	STEAM 教育,搭建与编程,创新设计	10~21 岁	
	WeDo2.0 核心套装(45300)	STEAM 教育,搭建与编程,创新设计	7 岁以上	
	LEGO Boost 机器人(17101)	STEAM 教育,丰富的功能模块,可搭建流水线工厂	7~12 岁	
Dash & Dot 机器人	Dash	Wonder、Blockly、path、Go、Xylo 等 APP 应用程序	5~12 岁	Wonder Workshop
	Dot	Wonder、Blockly 等 APP 应用程序	5~12 岁	
阿尔法蛋机器人	阿尔法小蛋机器人	拥有"类人脑",集成教育内容、超级电视、视频通话、智能音箱和自然语言交互机器人	3~6 岁	科大讯飞
	阿尔法超能蛋机器人			
	阿尔法大蛋机器人			
布丁豆豆	布丁豆豆智能机器人	智能交互、人工智能浸入式场景英语教学、多元智能启蒙教育、亲子互动等功能	3~10 岁	北京智能管家科技有限公司
UBTECH 优必选机器人	Alpha 系列	伺服舵机,实现更多拟人动作与功能,QQ 通话,海量音频,酣畅歌舞	家庭教育娱乐	深圳市优必选科技有限公司
	Jimu 系列	STEAM 教育智能编程,智能蓝牙音响,红外传感器,伺服舵机	青少年	
	Cruzr 商用机器人	基于云计算的机器人操作系统,个性化定制软件功能,丰富的肢体语言,实时自主定位,多模态(文字、语言、视觉、动作、环境)人机交互体验,精准人脸识别	服务场所	
Gowild 公子小白	公子小白系列(公子小白、公子小白青春版、公子小白成长版)	全球首款情感社交机器人,陪伴娱乐,辅助学习,生活助手,记忆调教	青少年	深圳狗尾草智能科技有限公司
米兔	米兔积木机器人	精密机械传动结构,自平衡系统,手机智能遥控,模块化图形编程	青少年	北京小米科技有限责任公司
小帅智能机器人	小帅智能机器人 5.0	智能教育、成长陪伴、私人管家三大功能	幼儿园到大学	海尔集团、远威润德智能科技有限公司
WowWee 智能机器人	COJI 编程机器人	APP 表情符编程	青少年	WowWee 公司
	MinionMiP 自平衡机器人	灵动的大眼睛,360°旋转的手臂,行走自如的双轮	青少年	
	CHIP 智能机器狗	内置先进传感器和智能配件,可随时感知周围环境并与主人进行亲密互动	青少年	

续表

品牌	系列产品	特点	适用对象	企业
Wow Wee 智能机器人	MIP 智能机器人	内置手势感知，智能设备远程遥控	青少年	WowWee 公司
小忆机器人	超能萌宝系列	四轴 1200°旋转，主动对话，视频通话，远程监控，寓教于乐	3～8 岁	深圳市金刚蚁机器人技术有限公司
海尔智能机器人	Ubot	家电智能管家、家庭安全卫士、家人陪护、生活助手等	家庭服务	海尔集团
华硕家庭智能机器人	Zenbo Qrobot 小布	智能对话、学习益智、儿童陪伴	家庭服务	华硕电脑股份有限公司
360 智能机器人	360 AR 版 S601	语音聊天，亲子视频沟通，智能人脸唤醒，海量早教内容	家庭服务	北京奇虎科技有限公司
DATA 云端智能机器人	Cloud Pepper	智能识别，自然语言交互，舞蹈表演	智能服务	达闼科技(北京)有限公司
西觅亚虚拟机器人	西觅亚虚拟机器人(SVR)	虚拟机器人搭建、模拟和编程功能	青少年	西觅亚科教集团、Cogmation Robotics
	LEGO Digital Designer 乐高搭建软件	积木 3D 模型制作软件，提供多种模型和自由构建模式	青少年	
萝卜圈虚拟机器人	iRobotQ 3D	全球首款基于网络的机器人教育和创新设计在线仿真平台	青少年	萝卜圈网络技术有限公司

2. 西觅亚虚拟机器人系统

西觅亚虚拟机器人系统(Semia virtual robotics，SVR)软件，可以在实体机器人必备配件缺少的情况下，使用模拟器进行编程配合机器人操作。完善的模拟系统能提供很多现实中不能给予的挑战，例如，现实中在失重的状态下测试机器人是一件不可能的事情，而在虚拟器中却可以轻易做到。在虚拟数字空间中，设计并搭建自己的模型，可以永久保存在客户端，还可以向世界各地的学习者分享自己的机器人。

SVR 软件具有搭建、编程和模拟三大功能。虚拟机器人工具包(virtual robotics toolkit，VRT)可从 CAD 工具中导入 LDraw 的模型，如 LEGO Digital Designer 和 MLCad。模拟器配置支持 EV3 和 NXT-G 的编程环境，模拟器中编写的程序在现实中也可以运行。使用模拟版的 LEGO 和 HiTechnic 传感器，并且观察传感器获取的数据。通过精细的实时数据记录，可以洞察更多的虚拟世界。软件强大的物理引擎确保了机器人在与周围环境互动时无与伦比的现实性。

SVR 软件配有课程资源《虚拟机器人设计——基础篇》和《虚拟机器人设计——进阶篇》。《虚拟机器人设计——基础篇》包括虚拟机器人入门(虚拟机器人入门、虚拟机器人的视角、走迷宫、清除路障)、机器人设计(公寓任务、机器人相扑、机器人夺宝大赛、机器人足球赛)、编程基础(直线移动、定点停车、躲避障碍、悬崖勒马)、传感器应用(倒车雷达、自动清洁机器人、巡线机器人、创意设计)等课程内容。《虚拟机器人设计——进阶篇》包括创意设计模型(走进虚拟设计世界，设计高塔、笔筒，创意搭建设计)、机器人结构设计(小车模型、房子、机器人底盘搭建、创意结构设计)、机器人虚拟仿真(模型与场景、控制器与电机、遥控机器人、机器人创意设计)、程序控制与测试(机器人直线移动、五角星形轨迹、自动壁障机器人、巡线机器人)等课程内容。

虚拟机器人工具包是一款乐高 Mindstorms 模拟器(图 3-6),具有导入 3D 模型、上传程序到 EV3 虚拟主控器(brick)、传感器管理、渲染参数设施等功能。VRT 是面向 STEAM教育的软件,也是学习者参加 FLL 机器人世界锦标赛、世界青少年机器人奥林匹克竞赛等的重要学习平台。VRT 的主要特征是能够导入基于 LDraw 框架标准用 CAD 设计的 3D乐高模型。既可以使用乐高官方的数字设计工具,也可以使用 MLCAD 等其他软件设计机器人或其他组件,然后无缝地导入它们并测试功能。为了更好地发挥 VRT 的功能,需要安装 LEGO Digital Designer、Mindstorms EV3 Software、LDraw Parts Library 等。

图 3-6　VRT 操作界面

3. 乐高搭建软件

乐高搭建软件包括 LEGO Digital Designer、LEGO Mindstorms、LEGO Digital Designer Extended 三种搭建主题,见图 3-7。

图 3-7　乐高搭建软件三种搭建主题

4. iRobotQ 3D 机器人在线仿真平台

iRobotQ 3D 机器人在线仿真平台是全球首款基于物理引擎及网络互动模式设计，以机器人及智能控制技术为载体的科技创新平台。平台通过虚拟现实技术，将机器人教育和设计的各个应用细节进行高度的三维仿真，实现三维世界里的任务场景设计、智能体构建、行为设计、运动模拟和组织评价等功能。iRobotQ 3D 具有以下特点。

(1) 基于网络的应用模式

创造性地提出了基于网络的应用模式，极大降低了解、使用机器人及智能控制技术的门槛。

(2) 物理引擎强力支持

物理引擎能模拟真实的刚体运动。运动物体具有密度、质量、速度、加速度等各种现实的物理动力学属性。在发生碰撞、受力、摩擦的运动模拟中不同的属性将得到不同的运动效果。物理引擎对机器人仿真意义重大，可以实现逼真的现实物理运动模拟，机器人项目的创新能力及学科知识整合能力将极大增强。

(3) 开放的项目设计和管理

平台提供了大量的场景元素，可以简单构建丰富的机器人运动场景。使用平台提供的各种积木结构，可以构建充满创意的机器人模型。

(4) 创新的驱动和传感世界

因为有了物理引擎的支持，平台提供了各种不同物理力学属性的驱动机构，能让机器人应对各种复杂的物理环境和任务。创新的驱动和传感世界，让机器人智慧超群。

(5) 智慧的可视化编程系统

标准化、拖拉式、模块化的可视化图形编程系统，人性化的智能匹配式联想功能，使操作变得更简便。支持 C、C#、JAVA、VB、Python、Lua 等各种外部编程平台。

(6) 完备的活动支撑平台

只需简单操作就可以实现活动过程支撑，平台支持各种竞赛组织模式，系统规则是最好的裁判，支持竞赛过程的各种现场调试模式。

5. 教育机器人未来发展

目前，教育机器人存在同质化现象，还面临机器人玩具化的危险，这不利于培育学龄儿童市场。目前市场上 99%是语音对答机器人，它的内部核心只是一个麦克风，外面套了一个塑料壳，然后做成各种可爱的形状来做对答。这样的机器人只是外形不同而已，且功能单一，使得学龄儿童的用户体验不佳。

教育机器人未来发展建议如下。

第一，不能脱离教育的本质去做教育机器人。很多机器人公司都强调技术的炫酷、强调黑科技，但机器人技术在教育领域的应用能解决什么样的痛点、为社会创造怎样的价值，这才是应用落地和商业化的关键。未来的教育机器人，需要具有较强的媒介互动连接功能，高效连接孩子、家长、老师、教育机构。

第二，教育机器人研制需要跨界合作。教育机器人集成了数学、物理、化学、生物、机械、电子、材料、能源、计算机硬件、软件、人工智能等众多领域的知识与技能，没有哪一个平台像教育机器人这样具有如此的综合性。研制教育机器人需要跨领域、多学科交叉，以开放的心态跨界进行合作。

拓 展 资 料

高远. 2008. 娱乐教育机器人市场统计[J]. 机器人技术与应用, (05): 41-43.

国务院. 国务院关于印发《新一代人工智能发展规划》的通知[EB/OL]. (2017-07-08)[2018-08-15]. http://www.gov.cn/zhengce/content/2017-07/20/content_5211996.htm.

汉-Ⅰ型智能教育机器人简介[J]. 1989. 华中理工大学学报, (S1): 116.

黄荣怀, 刘德建, 徐晶晶, 等. 2017. 教育机器人的发展现状与趋势[J]. 现代教育技术, 27(01): 13-20.

机器人网. 教育机器人新蓝海一片 抢占 85 亿美元市场刻不容缓[EB/OL]. (2016-10-27)[2018-08-15]. http://robot.ofweek.com/2016-10/ART-8321203-8420-30059293.html.

交大阳光. 素质教育的一缕阳光——SUNNY618 系列教育机器人[J]. 2004. 中国现代教育装备, (08): 64-65.

刘德建, 黄荣怀, 陈年兴, 等. 2016 全球教育机器人发展白皮书[R]. 北京师范大学智慧学习研究院, 9.

萝卜圈网. iRobotQ 3D 虚拟机器人[EB/OL]. (2018-08-01)[2018-08-15]. http://www.irobotq.com/website2/index.html.

苏远龙. 2007. 认识教育机器人 RCX、NXT'[N]. 中国电脑教育报.

童小平. 2008. 教育机器人的应用现状[J]. 中国教育技术装备, (16): 138-140.

王益, 张剑平. 2008. 教育机器人资源网站的比较分析及开发建议[J]. 现代教育技术, (01): 70-73.

西觅亚. 西觅亚虚拟机器人[EB/OL]. (2018-08-01)[2018-08-15]. http://svr.semia.com/Index.aspx.

恽为民. 2004. 基于行为的机器人学[J]. 华中科技大学学报(自然科学版), (32): 15-19.

中国报告大厅. 2016 全球与中国市场教育机器人深度研究报告[EB/OL]. (2016-10-01)[2018-08-15]. http://www.chinabgao.com/report/2546659.html.

中国报告大厅. 国内教育机器人公司排名[EB/OL]. (2017-10-30)[2018-08-15]. http://www.chinabgao.com/enterprise/10787.html.

中国报告大厅. 教育机器人市场规模分析[EB/OL]. (2017-10-16)[2018-08-15]. http://www.chinabgao.com/k/260696jyjqr/29650.html.

中国产业信息. 2016 年中国机器人教育行业现状分析及发展趋势预测[EB/OL]. (2016-09-13)[2018-08-15]. http://www.chyxx.com/industry/201609/448514.html.

中国产业研究院. 2017-2022 年中国教育机器人市场深度评估与投资机遇研究报告[EB/OL]. (2017-04-01)[2018-08-15]. http://www.chinairn.com/report/20170428/145546667.html.

朱强华. 1985. "英雄一号"教育机器人访问记[J]. 装备机械, (03): 52-53+57.

Most advanced robotics simulation software overview[EB/OL]. (2018-08-01)[2018-08-15]. https://www.smashingrobotics.com/most-advanced-and-used-robotics-simulation-software/.

Virtual robotics toolkit—an advanced LEGO mindstorms simulator[EB/OL]. (2018-08-01)[2018-08-15]. http://www.smashingrobotics.com/virtual-robotics-toolkit-advanced-lego-mindstorms-simulator/.

第 4 章

机器人教育

 学习目标

1. 了解国内外机器人教育现状。
2. 理解机器人教育对创新人才培养的作用。
3. 能够熟练运用机器人开展编程教育。
4. 培养机器人教育教学能力。
5. 掌握机器人教育的定义和类型。
6. 了解机器人教师的应用案例。
7. 熟练掌握全国青少年机器人技术等级考试内容。
8. 能够创意设计机器人创客教室。

 知 识 点

机器人教育、创新人才培养、编程教育、机器人教师、机器人技术等级考试、机器人创客教室、3D 机器人创客教室、创客(设计)流程、创客实验室。

 技 能 点

查阅机器人教育文献资料,深度分析机器人教育现状、开展编程教育能力、开展机器人教育能力,掌握机器人教育内涵,掌握机器人教育类型,创意设计机器人教师应用案例、全国青少年机器人技术等级考试培训能力,创意设计机器人创客教师能力。

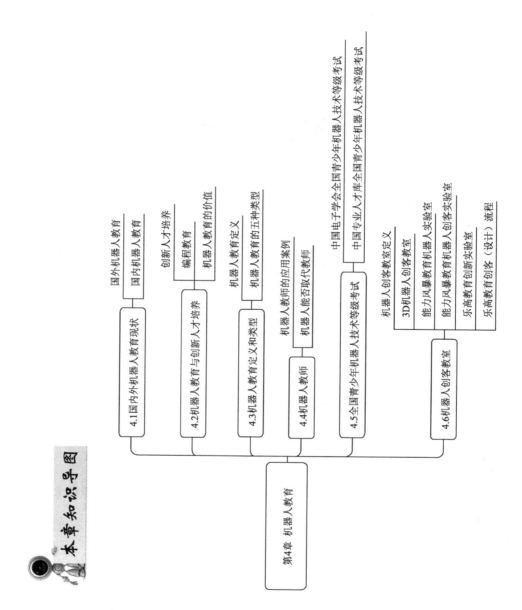

本章知识导图

第4章 机器人教育

4.1 国内外机器人教育现状
　国外机器人教育
　国内机器人教育

4.2 机器人教育与创新人才培养
　创新人才培养
　　编程教育
　　机器人教育的价值

4.3 机器人教育定义和类型
　机器人教育定义
　机器人教育的五种类型

4.4 机器人教师
　机器人教师的应用案例
　机器人能否取代教师

4.5 全国青少年机器人技术等级考试
　中国电子学会全国青少年机器人技术等级考试
　中国专业人才库全国青少年机器人技术等级考试

4.6 机器人创客教室
　机器人创客教室定义
　　3D机器人创客教室
　　能力风暴教育机器人实验室
　　能力风暴教育机器人创客实验室
　　乐高教育创新实验室
　　乐高教育创客（设计）流程

思 考 题

1. 阐述国内外机器人教育现状。
2. 机器人教育如何促进创新人才培养?
3. 中小学如何开展编程教育?
4. 谈谈机器人教育的内涵。
5. 机器人教育有哪些类型?
6. 机器人教师的应用有哪些?
7. 机器人教师在教育中的应用效果如何?
8. 谈谈机器人将来是否能够取代教师,并阐述理由。
9. 全国青少年机器人技术等级考试主要查考内容是什么,它对促进机器人教育有哪些作用?
10. 中小学机器人创客教室现状如何,如何创意设计机器人创客教室?

在大力推广素质教育的背景下,机器人教育显得尤为重要。当今世界,教育成为国家竞争力的基础,而人才成为国家竞争力的核心。人才的基本标准必定有创新思维,机器人教育活动则具备培养学生创新思维的功能。机器人教育活动有助于形成培养学生创新意识、创新思维和创新能力的氛围。机器人教育活动引导学习者学会观察、学会表达、学会思考、学会创新,对培养学生的动手能力和创造能力有积极的作用。

4.1　国内外机器人教育现状

- 查阅国内外机器人教育现状,对比分析国内外机器人教育优缺点。
- 结合自己的体验,谈谈中小学如何开展机器人教育。

1. 国外机器人教育

美国基础教育领域中的机器人教育主要有四种形式:一是机器人技术课程,一般开设在应用技术类课程中,其中应用设计与应用项目占大多数;二是实践与实验课程,类似于我国的综合实验课程;三是课外活动,如机器人主题夏令营等定期活动;四是利用机器人技术作为辅助性工具来辅助其他课程的教学,或作为一种研究工具来培养学生的创新能力。

美国高校的机器人教育主要呈现两个趋势:一方面,美国高校越来越多地开设了机器人相关的课程;另一方面,机器人作为课程的学习平台,已经慢慢应用于高校其他课程中。

自 1992 年开始，美国政府有关部门在全国高中生中推行"感知和认知移动机器人"计划，高中生可利用 70kg 重的一套零件，自行组装成遥控机器人，然后可参加有关比赛。

1994 年麻省理工学院设立了"设计和建造机器人"课程(martin)，目的是提高工程设计专业学生的设计和创造能力，尝试机器人教育与理科实验的整合；麻省理工学院媒体实验室"终身幼儿园"项目小组开发了各种教学工具，通过与著名积木玩具商乐高公司的紧密合作，该项目组开发出可编程的乐高玩具，帮孩子们学会在数字时代怎样进行设计活动。

俄勒冈州立大学电子工程与计算机科学系，分别在电子设计概念导论、电子基础、数字逻辑设计、信号与系统、计算机原理与汇编语言、机械设计课程中使用 TekBots 机器人作为学习平台。把 TekBots 整合进课程中，把课堂上学习的理论应用到机器人中，加深对理论的理解。

20 世纪 80 年代，日本机器人教育仅面向专业技术人员，由企业、产业机器人工业协会或培训机构等开展技术研修。在高等教育中，由于当时日本大学及科研院所中鲜有机器人相关专业，初期多在机械工学等学科中开展相关的教研活动，比较具有代表性的是名古屋大学电子机械专业和早稻田大学机械工学专业。

在初、中等教育方面，初期以中专和工业高中为主，以机器人竞赛的形式开展相关教育应用。1998 年，文部科学省将程序计算和编程定为中学必修内容，引导学生开展中学机器人教育实践。随后各类机器人教育项目迅速增加，如 2002 年追手门学院初中部的日美机器人教育项目、2002 年至今的 SSH(super science high school)试点高中机器人课程等。2016 年，"日本一亿总活跃计划"进一步要求大力开展编程教育，推动教育信息化，同时制订小学新学习指导要领，将编程教育定为理科和数学的必修内容，培养学生编程所必需的逻辑思维。

日本企业也积极参与教育活动，如 2017 年日本软银机器人有限公司投入 58 亿日元实施"Pepper 社会贡献项目"，将旗下的人形机器人产品"Pepper"无偿借给各地区 282 所公立中小学，开展中小学的编程教育应用研究。

新加坡国立教育学院和乐高教育部于 2006 年 6 月在新加坡举办了第一届亚太 ROBOLAB 国际教育研讨会，通过专题报告、论文交流和动手制作等方式，就机器人教育及其在科技、数学课程里的应用进行交流，以提高教师们开展机器人教育的科技水平与应用能力。

英国 1998 年就开始尝试在小学生中开设机器人课程。1999 年，Beer 等研究了如何把机器人用于科学和工程教学。2001 年，以色列开设了高中教育机器人课程。2006 年，智利的 Novales 系统研究了在大学中导入教育机器人。2007 年，Kao 等研究了儿童如何在课程中运用机器人学习角度的概念。

2. 国内机器人教育

教育机器人作为教学内容进入中小学，无论国内还是国外，目前都处于起步阶段。从各地情况来看，较多的学校只是以课外活动、各种兴趣班、培训班的形式开展机器人教学。通常的做法是由学校购买若干套机器人器材，由信息技术课程教师或综合实践课程教师进行指导，组织学生进行机器人组装、编程的实践活动，然后参加一些相关的机器人竞赛。目前，我国将机器人教学纳入了正规课堂教学。

1996 年，天津职业技术师范学院开始引进日本的机器人教育经验，结合国情在"电类"专业中增设了"小型机器人设计与制作"职业技能课程。学生们从中学习了机器人结构设计、制作、调试、模块软件编程等内容。

2000 年，北京东四九条小学开展机器人教学，取得了较为成功的经验。他们将原来的计算机课改成"机器人编程课"，并自编了《青少年机器人初级教程——太空穿梭机 LOGO、QBASIC 语言编程》教材。该教材以"太空穿梭机"这种较简单的履带式教学用编程机器人为主要教具，共安排了 20 课内容，包括机器人的定义、分类，"太空穿梭机"的结构、组装、运行环境、随机软件，LOGO、QBASIC 语言编程与对"太空穿梭机"的运行控制，机器人的发光、发声、探测等实用程序的编写，未来机器人展望等。

2000 年，北京市景山学校以科研课题的形式将机器人普及教育纳入信息技术课程中，开展了中小学机器人课程教学。2001 年，上海市西南位育中学、卢湾高级中学等学校开始以"校本课程"的形式进行机器人活动进课堂的探索和尝试。

2005 年，哈尔滨市正式将机器人引入课堂教学，在哈尔滨师范附属小学、哈尔滨市第 60 中学、黑龙江省实验中学等 41 所学校开设了"人工智能与机器人"课程，用必修课形式对中小学生进行机器人科学方面的教育。此外，香港在高中新学制的改革中，也在高中"设计与应用科技"课程中增设了机器人制作的课程。

4.2　机器人教育与创新人才培养

 研创活动

- 目前创新人才培养存在哪些问题？
- 结合自己的体验，谈谈中小学如何开展编程教育。
- 结合自己的体验，谈谈机器人教育的价值。

1. 创新人才培养

创新型人才是一个国家的宝贵资源，创新人才培养历来受到各国的高度重视。中国、美国、日本、欧盟、新加坡、韩国等都非常重视拔尖创新人才培养。哈佛大学第 24 任校长普西认为一个人是否具有创造力，是一流人才和三流人才的分水岭。

自 20 世纪 80 年代初期至今，我国对创新型人才培养进行了大量研究：①创新人才的培养模式研究，"知行合一"的人才培养模式研究；②创新人才的培养机制研究；③创新人才的培养体系研究；④创新人才的培养途径研究；⑤创新人才的激励机制研究；⑥创

新人才的成长规律研究；⑦女性创新人才培养研究；⑧创新人才的测评研究；⑨创新人才的心理学整合研究；⑩拔尖创新人才选拔培养的成果与经验。近年来，利用智慧学习环境培养创新型人才，逐渐引起了研究者的关注。

2010 年 1 月 22 日，教育部与乐高集团以换文形式签署合作备忘录，宣布教育部与乐高集团及乐高基金会"技术教育创新人才培养计划"正式启动。

双方计划从 2010 年到 2014 年在全国共同选择 400 所高中、初中和小学开展创新教育合作，创建"技术教育创新人才培养示范基地"；乐高集团及乐高基金会捐赠价值 2000 万元的 LEGO 器材，作为 400 间通用技术实验室和科技探究实验室的教学器材；采用创新教育模式培养 800 名通用技术教育、科技探究实验专业领域的骨干教师，并授予其相应的资质证书；还将通过网络教学平台进一步培养 2 万名技术教育学科教师，为创新教育在全国的展开奠定基础。

此合作项目主要分三部分进行，一是乐高集团提供其近 80 年的文化积累及创新理念，捐赠其经过 30 多年优化发展并通过欧洲严格环保测试的 LEGO 技术教育器材。从 2010 年 5 月到 2012 年 2 月完成 400 所通用技术实验室和科技探究实验室的建设，为师生提供"做中学"的创新教育环境。二是从 2010 年暑假到 2012 年暑假完成 400 名高中通用技术骨干教师的培训，400 名中小学科技探究实验骨干教师的培训；并通过网络平台对 1 万名高中通用技术学科教师和 1 万名中小学科技探究实验学科教师进行培训。三是从 2012 年起组织学生开展技术学习创新活动和竞赛。开拓青少年的科技视野，丰富学生的科技想象力和创造力，培养其对科学技术的兴趣和团队协作的精神，同时促进国际交流与合作。

2014 年 9 月，教育部与乐高集团共同签署"创新人才培养计划(2015—2019)"合作备忘录，决定在 2010—2014 年项目一期的基础上继续开展合作，结合我国教育实际，引入乐高教育理念，通过建设创新实验室、组织学生活动、开展课题研究等，构建探究学习环境，提高学生动手能力，培养学生创新意识，促进创新人才培养。

2. 编程教育

(1)国外编程教育

欧美早期就注重编程和 STEAM 教育，其编程教育发展情况迅速。美国是世界上信息技术教育起步最早的国家。其 K-12 的编程教育可以追溯到 20 世纪 60 年代，当时麻省理工学院媒体实验室就以幼儿园儿童作为实验对象，进行了 LOGO 语言教学的实验。在 LOGO 编程语言之后，美国又出现了一种新的程序语言，与程序语言相适应的各种硬件也越来越多。2011 年，对"计算思维"的关注，使得美国对编程教育的重视程度加深；在 2016 年由美国计算机科学教师协会研制了"K-12 计算机科学课程标准"，在这个标准当中，学生既要学习理论概念，还要有相应的操作实践；美国《2017 年地平线报告(基础教育版)》提出未来 4~5 年中会采用的关键技术，其中包括人工智能技术，短期趋势包括培养编程素养。

英国是世界上较早开展计算机教育的国家之一，2013 年英国教育部正式公布"计算机课程学习计划"及国家计算机课程的标准,其内容涵盖了从简单了解计算机系统到复杂的程序设计任务等 4 个关键阶段。自此,"编程教学"正式进入英国中小学。英国成了 G20 国家中第一个将编程教育纳入国家核心课程的国家。

日本政府认为,让孩子从小学接触计算机编程知识,用少儿编程工具掌握编程思维和编程原理,有利于锻炼他们的逻辑思维和系统化思维。因此,2019 年日本文部科学省在新修订的中小学学习指导要领中,将"编程教育"纳入中小学必修课程。政府与企业联手促进编程教育与学校教育相融合,让从小接触编程的儿童能更好地融入未来人工智能社会。

芬兰在 2016 年开始实施新的国家核心课程,编程正式被纳入新大纲。从小学一年级开始教授编程,主要是以跨学科的方式进行。

(2)国内编程教育

1982 年,北京大学、清华大学、北京师范大学、复旦大学和华东师范大学五所大学的附中开设计算机选修课的试验,普及计算机的基本工作原理,学习 BASIC 语言和简单程序设计,从此拉开了我国中学计算机学科教学的帷幕。从这个意义上来说,我国编程教育开始于 20 世纪 80 年代。当时的编程教育普遍以学生学会程序语言语法、掌握软件或通过计算机等级考试等为主要目标,其主要问题是缺乏应用能力和实践能力的培养。从 20 世纪 80 年代末期,我国就提出实施素质教育,而素质教育归纳起来主要是培养学生五个方面的素质:身体素质、科学素质、艺术素质、信仰素质和人文素质。可见,科学素质是素质教育不可或缺的组成部分,发展青少年科技教育与培养科学素质密不可分。

目前以人工智能、编程为主的教育课程,已经成为青少年科技教育的主导方向。近年来,编程教育以各种形式进入校园,在北京已经有超过 200 所中小学讲授编程内容。2016 年 AlphaGo 惊艳了全世界,也向全球教育提出了新的挑战和要求,编程教育也越发受到重视,人工智能时代赋予编程教育以新的含义和使命。2017 年 7 月,国务院颁布了《国务院关于印发新一代人工智能发展规划的通知》,其中提到"实施全民智能教育项目,在中小学阶段设置人工智能相关课程,逐步推广编程教育"。2017 年 8 月正式出台《新一代人工智能发展规划》,"编程教育"成为教育信息化热点名词之一。

人工智能时代编程教育,不仅仅是要求学生掌握编程语言,更是培养学生的计算思维、算法能力、创造能力。许多企业纷纷投入编程教育领域,助力学生思维的培养。编程猫致力于少儿线上编程教育,其自主研发的图形化编程平台现已在全国范围内千余所学校展开使用,同时编程猫为院校提供免费的课程内容、教师培训与技术支持,真正落实校企联合这种深度合作方式,共同助推人工智能教育发展。专门为编程教育设计的微型电脑树莓派,其目的是提升学校计算机科学及相关学科的教育,以使计算机变得有趣为宗旨。希望无论是在发展中国家还是在发达国家,会有更多的其他应用不断被开发出来,并应用到更多领域。KOOV™可编程教育机器人提供丰富的线上内容,随时下载持续更新,包含 3D 拼搭教程和图形化编程,体系化课程让孩子在家也能学编程。

目前我国编程教育的主要研究方向从信息素养逐渐深入到计算思维、核心素养、创客、STEAM 课程等领域。编程教育发展潜力之大,有学者认为编程教育将是跨入人工智能时代的阶梯。

越来越多的国家意识到计算思维的重要性，并将编程教育纳入基础教育中。随着人工智能相关理论与技术的快速发展，技术鸿沟正在慢慢缩小，跨学科学习环境日趋完善。

因此，针对青少年的科技教育，需要围绕孩子的动手能力、创新力、思考力等综合性能力，建立一套新的科学考评标准，以促进青少年科技素养。同时，学校和教师也要改变旧思维，抛弃传统教育模式，用前瞻性眼光看待人工智能等科技发展，认识到科技对社会各方面带来的冲击及对传统教育的颠覆，尽快进行观念升级、教育模式升级，以适应人工智能时代的人才教育需求。未来的编程教育绝不是枯燥高深的技术传授，而是带领孩子们进入科技新世界的钥匙。值得注意的是，编程方法固然重要，但更应关注背后技术原理的理解。

3. 机器人教育的价值

机器人教育可以帮助学生激发学习动机，培养学生对科学的兴趣，锻炼其综合能力，塑造自信心，提高自我效能感，增强竞争意识，改善面对挫折的态度，培养参与、欣赏的品质，从而培养创新能力。

机器人教育项目主要遵循以下六个原则。

(1)建构主义

机器人竞赛以学生为中心，在整个过程当中老师担当的角色是组织者、指导者、帮助者、促进者。在竞赛过程当中，孩子需要根据比赛的任务，设计、搭建和操控机器人，在这个过程当中可以主动构建知识的模型，从而促进学习。

(2)通过设计学习

学生在机器人竞赛中要参与机器人的软硬件设计，而在这个过程当中，孩子们需要自主地在头脑当中构建模型来完成学习。从比赛任务开始到寻求合作伙伴，通过语言文字或者图形的方式沟通，找出最好的解决方案，从而完成学习。

(3)通过竞争学习

比赛本身就是一种竞争，竞争是一种实验性的学习方法，学生被置于一个不可预知的环境中，不可期待能够获得他人的帮助。在机器人竞赛过程中，学生必须运用自己已经学过的知识，分析对手的优缺点，从对手的机器人中获得信息，改进自己的机器人。激烈的竞争，可以极大地培养学生分析问题、解决问题和应用知识的能力。

(4)目标驱使学习

机器人竞赛具有明确和具体的目标任务。学生自己动手编写程序，设计与构建机械模型，以及制定比赛策略，从而在竞争中胜出。

在这个目标的驱使下，学生自始至终具有强烈的参与动机、学习兴趣。比赛过程追求的目标是明确的，最短的时间、最高的分数或者灵巧的动作等。鼓舞学生去做最优的设计和改进。学习目标诱导学习动机的形成，而学习的动机对教育的成效具有很大的影响。机器人竞赛在保持学生强烈的学习动机方面是一项理想的教育活动。

(5)项目导向学习

项目导向教育为学生和教师提供了一个克服学科教学所造成的知识和技能条块分割

的机会。跨学科的综合性主题将不同课程的内容组合到一起，有助于学生理解所学内容之间的相互关系；鼓励学生使用课堂以外的资源，开展协作式学习，独立地、批评性地、有创造性地考虑问题，并交流他们的学习成果，帮助学生构建一个良好的知识和技能网络。

机器人竞赛是一个系统的项目，为学生和老师在过程当中提供了一个真正的跨学科学习的机会。在整个项目开展过程中会涉及数学、计算机、物理、艺术等方面，有助于学生学以致用。

除了知识方面，在项目开展过程中，学生需要去协作，去批判性思考及创造性地考虑问题，并交流他们的学习成果，这有利于帮助学生构建一个良好的知识和技能网络。机器人竞赛是一个非常好的教育项目，它能够更好地构建学生对知识的应用能力。这就是机器人竞赛在 STEAM 教育中备受推崇的原因之一。

(6) 协作学习

学生不可能一个人完成整个任务，必须要多名同学协作，在协作的过程中相互探索、发现有用的信息然后和其他成员共享。

机器人比赛基本都是以小组或团队形式参赛的，对于一个稍大一点的比赛项目，涉及的知识很广泛，同时任务具有复杂性，学生不可能一个人完成整个任务，必须要多名同学协作，协作的过程中相互探索、发现有用的信息，然后和其他成员共享。在此过程中，学生可以采用对话、商讨、争论等形式对问题进行充分讨论，从而得到解决问题的最佳途径。此外，学生之间的水平或者思维方式也有不同，相互之间必须加强对话和沟通，包容个体之间的差异，这些都是在机器人竞赛过程中必须具备的能力。

4.3　机器人教育定义和类型

研创活动

- 查阅机器人教育定义，谈谈机器人教育的内涵。
- 机器人教育的应用可以分为哪些类型？

1. 机器人教育定义

机器人教育是指学习利用机器人，优化教育效果及师生劳动方式的理论与实践。机器人教育有两大目的：一是优化教与学的效果；二是优化教师与学生的劳动方式。前者强调以较少的教育投入(包括人力、物力、财力、时间等)取得较大的教育效果(主要指学生的知识获得、技能形成、情感培养等)。后者是指采用机器人这种教与学的劳动工具，能改善教学方式与方法，减轻师生的劳动强度，缩短劳动时间，提高劳动效率。

机器人教育通过组装、搭建、运行机器人，融合了机械原理、电子传感器、计算机软硬件及人工智能等众多先进技术，激发学生学习兴趣、培养学生综合能力。

机器人技术综合了多学科的发展成果，代表了高级技术的发展前沿，机器人涉及信息技术的多个领域，融合了多种先进技术，引入教育机器人的教学将给中小学的信息技术课程增添新的活力，成为培养中小学生综合能力、信息素养的优秀平台。

2. 机器人教育的五种类型

根据有关机器人教育专家的研究与实践，机器人教育的应用可以分为五种类型。

（1）第一种类型：机器人学科教学

机器人学科教学（robot subject instruction，RSI），是指把机器人学看成是一门学科，在各级各类教育中，以专门课程的方式，使所有学生普遍掌握关于机器人学的基本知识与基本技能。其教学目标如下。

1）知识目标：了解机器人软件工程、硬件结构、功能与应用等方面的基本知识。

2）技能目标：能进行机器人程序设计与编写，能拼装多种具有实用功能的机器人，能进行机器人及智能家电的使用维护，能自主开发软件控制机器人。

3）情感目标：培养对人工智能技术的兴趣，真正认识到智能机器人对社会进步与经济发展的作用。

机器人教育成为学科课程，尤其对中小学而言，师资、器材、场地及活动经费、教学经验等都具有很大的挑战。

（2）第二种类型：机器人辅助教学

机器人辅助教学（robot-assisted instruction，RAI），是指师生以机器人为主要教学媒体和工具所进行的教与学活动。与机器人辅助教学概念相近的还有机器人辅助学习（robot-assisted learning，RAL）、机器人辅助训练（robot-assisted training，RAT）、机器人辅助教育（robot-assisted education，RAE），以及基于机器人的教育（robot-based education，RBE）。与机器人课程相比，机器人辅助于教学的特点是它不是教学的主体，而是一种辅助，即充当助手、学伴、环境或者智能化的器材，起到普通的教具所不具备的智能性作用。

（3）第三种类型：机器人管理教学

机器人管理教学（robot-managed instruction，RMI），是指机器人在课堂教学、教务、财务、人事、设备等教学管理活动中所发挥的计划、组织、协调、指挥与控制作用。机器人管理是从组织形式、组织效率等方面发挥其自动化、智能性的特点，即属于一种辅助管理的功能。

（4）第四种类型：机器人代理（师生）事务

机器人代理（师生）事务（robot-represented routine，RRR），机器人具有人的智慧和人的部分功能，完全能代替师生处理一些课堂教学之外的其他事务，如机器人代为借书，代为做笔记，或者代为订餐、打饭等。利用机器人的代理事务功能，实现与学习相关的能力，提高学习效率和学习质量。

（5）第五种类型：机器人主持教学

机器人主持教学（robot-directed instruction，RDI）即机器人教师，是机器人在教育应用中的最高层次。在这一层次中，机器人在许多方面不再是配角，而是教学组织、实施与管理的主人。机器人成为我们学习的对象，这好像是遥不可及的事，但是人工智能结合虚拟现实技术、多媒体技术等让它成为现实并非太难，只是要越来越符合教育的发展才是更重要的。

4.4　机器人教师

- 结合自己的体验，谈谈对机器人教师的理解。
- 查阅机器人教师的应用案例，并分析机器人教师的教学效果。
- 对比分析机器人教师和教师的优缺点。
- 结合机器人教师的发展趋势，谈谈机器人是否能够取代教师，并阐述理由。

1. 机器人教师的应用案例

2009 年，日本东京理科大学小林宏教授就按照一位女大学生的模样塑造出机器人"萨亚"老师。"萨亚"皮肤白皙、面庞清秀，皮肤后藏有 18 台微型电机，可以使面部呈现出 6 种表情。她会讲大约 300 个短语，700 个单词，可以对一些词语和问题做出回应，还可以学会讲各种语言。"萨亚"给一班 10 岁左右的五年级学生讲课，"萨亚"先逐个点孩子们的名字，接着让孩子们完成课本上的作业，受到新奇兴奋的孩子们的极大欢迎。

2009 年 11 月，一批教授数学、自然科学和艺术课程的可编程机器人在韩国首尔的十所学校进行为期五周的教学。2009 年 12 月，一批机器人英语老师被"派"往韩国三所学校进行为期八周的授课。机器人由一名英文老师远程遥控，配备有麦克风和摄像机。而机器人本身则通过声音识别软件与学生们进行互动交流。研究人员发现，机器人英语老师有助于提高学生学习语言的兴趣，并能增强他们的自信心。这些老师从不会生气，也不会批评学生。在部分学校试行的机器人老师受到学生的青睐。

2015 年，"福州造"的教育机器人在部分城市开始"内测"。它除了帮助老师朗诵课文、批改作业、课间巡视之外，通过功能强大的传感器还能灵敏地感知学生的生理反应，甚至还可以扮演"测谎高手"角色。此外一旦和"学生机"绑定，也可更清楚地了解学生对各个知识点的掌握情况。有媒体形容，今后早读课带着同学们朗读的，可能会是一台萌萌的机器人。考场内监考的，也可能不再是老师，而是一台来回巡视的机器人，只要学生稍有舞弊的歪念，就能被机器人"感应"到。

2015 年 6 月，九江学院智能机器人创新空间应用"美女"机器人为学生进行讲课。"美女"机器人在讲课的进程中，一边讲述课程，手一边指向所讲的内容，达到了形式与内容的统一。一个课程讲完后会耐心地询问学生有没有听懂，如果没有听懂，只要对它说请再讲一遍，机器人老师就会再次给学生讲述，直至学生听懂为止。

2015 年，东北大学王宏教授带领团队开发的机器人"NAO"，为机械工程与自动化学院学生讲授了"机电信号处理及应用"课程。这款机器人不仅能说话、授课，四肢也能弯曲、可以讲解 PPT，这种全新的教学方式，给传统课堂教学注入了新鲜血液。王宏说："未来机器人老师将具有更多的优点，不仅可以模仿特优教师进行高强度的授课，也可模仿优秀教师为偏远地区的孩子们讲课，而且机器人老师更能吸引学生，承载更多的教学要求，同时也提高了学生们的学习兴趣。"

2017 年，中国科学院携手中科三合智能科技有限公司开发的"云葫芦"教育机器人在部分城市的学校开始"内测"，今后有望向全国小学推广。这款教育机器人已和人民教育出版社合作与小学教材同步，除了朗诵课文、批改作业、课间巡视(视频直播)之外，还能通过功能强大的语音系统，扮演"家长"角色和同学们聊天引导同学们培养良好学习习惯。

2017 年，河南郑州举行了国内首场教学人机大战。4 天时间里，人类教师(3 名平均教龄达 17 年的中高级老师)和机器人分别为 78 名初中学生进行有针对性和集中性的数学辅导，最后通过对比学生的考试成绩，来比较谁的教学效果更好。结果显示，通过智能机器人教学的学生，在最核心的平均提分上以 36.13 分打败人类教师教学组的 26.18 分，最大提分和最小提分两项上，机器组也分别高出真人组 5 分和 4 分。最终，智能机器人的教学获得了胜利。

2017 年 6 月，两名特殊的"考生"参与了高考。两名考生均是 AI 机器人，分别是学霸君开发的智能教育机器人"Aidam"和成都准星云学科技有限公司开发的人工智能系统 AI-Maths。其中一名北京的"考生"只用了不到 10 分钟就答完了 2017 年北京卷文科数学题，完成包括客观题和主观题在内的整张试卷，成绩为 134 分。据称这还是该考生把做题速度放慢 6 倍的结果。在距离北京 2000km 之外的成都，另一名"考生"则花了 22 分钟做完同样考题，成绩是 105 分。

2017 年，日本软银集团和法国 Aldebaran Robotics 研发的仿人形机器人"Pepper"被早稻田福岛县的 Hisashi 高中录取，成为世界上首个和人类学生一同学习的机器人。"Pepper"精通日语和英语，重约 28kg，身高 1.2m，它在电量充足的情况下可以运行约 12 小时，"Pepper"被誉为"情感机器人"，它能够通过判断人类的面部表情和语调的方式，"读"出人类情感。因此它可以根据人类的一些表情、语气来做出相对应的反应。它会做一些表情、动作、语音与人类交流、反馈，甚至能够跳舞、开玩笑。"Pepper"的胸口位置配备了一台平板电脑，会在说话时，通过屏幕来进一步阐明观点。当"Pepper"听到自己被高中录取的消息之后，"Pepper"说道"我从未想过自己能被一所人类学校录取"。

2. 机器人能否取代教师

2016 年，日本智库野村综合研究所与英国牛津大学合作，调查计算机应用对日本国内 601 种职业的潜在影响，研究人员计算后发现，日本劳动者中 49% 的人可由电脑代替。按照研究人员的推测，容易被电脑取代的职业包括普通文员、出租车司机、收银员、保安、大楼清洁工等。

相对而言，被取代可能性较低的职业包括医生、教师、学术研究人员，以及导游、美容师等需要人际沟通的职业。由此看来，教师职业被取代的可能性相对较低，但是即便如此，机器人时代的到来，也为各位老师带来了"职业危机"。

机器人教师在知识的识记、工作强度乃至掌握歌舞绘画等方面出色的能力确实能够超越普通老师，尤其在那些人满为患的城市学校，让机器人老师承担一些知识性、重复性的任务，不仅可以给忙于大班教学的老师有效减压，而且萌萌的机器人还能激发学生学习兴趣，完全可能超越普通老师的授课目标。机器人教师不仅有助于解决师资不足和师资结构不合理等难题，通过远程控制让机器人给农村孩子上课，还可以缓解城乡教育资源不均衡的问题。

机器人教师没有情感和思维，缺少人文关怀，缺少情感交流。20 世纪 90 年代，中国科学家周海中曾指出，机器人在工作强度、运算速度和记忆功能方面可以超越人类，但在意识、推理等方面不可能超越人类。与意识、推理相比，人类的思维和情感更是无法复制。

机器人教师很难"因材施教"。教育是一件塑造灵魂的特殊职业，教师面对的都是个性不同、条件相异的学生，在应对差异性方面，"机器人教师"有着明显的局限性。教育需要尊重"异质思维"，同样的问题，学生会给出差异化、个性化的答案；"机器人教师"在批改作业的时候具有明显的局限性，只适用于客观题却不适用于主观题。

尽管机器人教师工作热情高，知识渊博，能平等地对待学生，且能不辞辛劳地埋头苦干，加上他特殊的身份能激发学生的学习兴趣和动力，然而机器人却永远无法替代"真正的人类教师"。

机器人教师今后会更多地走进校园和课堂，这对传统的教学模式造成了巨大冲击，也必将推动教师工作和教学方式的转型与创新。教育的本质不仅仅是对这些学生单纯的知识的传授，让学生掌握必要的文化知识，更重要的是塑造学生健康人格。因此，机器人虽然不能取代教师，却能成为教学工作的重要补充。

机器人会具有超人类的表现：他们计算比人类更快、比人类更快做出反应、定位精度更准确、做重复性工作也比人类更好。例如，人类司机在遇到紧急情况时需要 0.1～0.2 秒的反应时间，而自动驾驶汽车的反应速度仅为人类的 1/10。尽管如此，这不意味着机器人将代替人类，机器人的出现意味着我们需要去学习和适应使用机器人，并能让我们在一个更高水平上完成任务。

4.5　全国青少年机器人技术等级考试

研创活动

- 查阅青少年机器人技术等级考试标准或大纲，谈谈如何设计开发机器人等级考试培训大纲和教材。
- 结合自己掌握的机器人知识和技能体系，选择合适的机器人等级考试试题，评估自己能够达到的机器人技术等级。

目前，全国青少年机器人技术等级考试有两种，分别是中国电子学会、中国专业人才库全国机器人技术考评管理中心组织实施的全国青少年机器人技术等级考试。

1. 中国电子学会全国青少年机器人技术等级考试

中国电子学会(Chinese Institute of Electronics，CIE)，成立于 1962 年，是由电子信息界的科技工作者和有关企事业单位自愿结成、依法登记的学术性、非营利性的全国性法人社团，是中国科学技术协会的组成部分，是工业和信息化部直属事业单位。

2015 年，中国电子学会启动了面向青少年(8～18 岁)级别的机器人技术等级考试项目，并得到了来自政、产、学、研、用多方的响应和支持，2016 年由中国电子学会发起的"全国青少年电子信息科普创新联盟"宣告成立，并启动了新一版全国青少年机器人技术等级考试标准的修改和升级工作。全国青少年机器人技术等级考试由低到高分为一级至六级。六级及以上与中国电子学会全国电子信息专业技术资格认证(QCEIT)衔接，进入电子信息工程师序列。考试内容包括理论知识和实践操作两部分。

2015 年底，全国青少年机器人技术等级考试试点工作启动，首批 13 名学生参加了等级考试，通过率为 62%。2016 年全年等级考试人数超过 3000 人，综合通过率达到 80%以上。

2016 年，全国各地教育主管单位陆续发文参与和支持全国青少年机器人技术等级考试工作。山东、吉林、河北、辽宁、江苏、福建等地教育局、电教馆、教育学会等部门在当地组织等级考试工作，十几家机器人生产和服务企业加入。

2016 年 11 月，中国电子学会标准认证与应用推广中心制定《全国青少年机器人技术等级考试标准(V3.0)》(见附录 4)，V1.0 版本由中国电子学会培训认证科普部开发，V2.0 版本由全国青少年电子信息科普创新联盟标准工作组开发。该标准规范明确了考试形式、器材及软件、结构件、考试内容等。

全国青少年机器人技术等级考试设有独立的标准工作组、教材编写组和考试服务组。考试采用在线计算机考试与动手实际操作考试相结合的方式。考试标准汲取国内外高校的人才选拔标准，支持创客教育的实践与工程化理念，全面考查青少年在机械结构、电子电路、软件编程、智能硬件应用、传感器应用、通信等方面的知识能力和实践能力。等级考试不指定任何机器人器材品牌型号，全面体现考试标准的公正性、权威性与前沿性。

全国青少年机器人技术等级考试标准旨在激发和培养青少年学习现代机器人技术的热情和兴趣，充分适应我国青少年的认知心理和水平，从力学、机械原理、电子信息和软件技术的入门实践出发，引导青少年建立工程化、系统化的逻辑思维，使青少年机器人技术等级考试更具科普性、趣味性和实践性。

2. 中国专业人才库全国青少年机器人技术等级考试

2014 年 10 月，中国专业人才库全国机器人技术考评管理中心成立，授权北京星空百灵科技有限公司承担并负责机器人技术测评儿童组、少年组、青年组、专业组、机器人技术培训师、机器人技术测评师的培训、测评、考级和管理工作。

中国专业人才库全国机器人技术考评管理中心面向 4～24 岁青少年，将全国青少年机器人技术等级考试体系分为十级：青少年机器人技术等级考试基础级 1～5 级、青少年机器人技术等级考试专业级 1～5 级。考生每完成一个级别的机器人技术课程学习，经考核测试，全方面合格后就会被授予中国专业人才库相应机器人的等级证书，同时进入国家智库作为人才储备，作为升学、就业的重要标准和依据之一。青少年机器人技术八级全部通过获得等级证书的学员将可以获取"助理机器人设计师"的证书。

2015 年，中国专业人才库全国机器人技术考评管理中心开始举办全国青少年机器人技术等级考试。中国专业人才库全国机器人技术考评管理中心将在全国范围内逐步建立统一规范的行业标准、培训教材、专业人才培训、测评考级、认证归档制度，构建并推广机器人技术培训师的标准化培训体系。此外，还启动了机器人技术培训师等级考评，具体包括幼儿机器人技术培训师、初级机器人技术培训师、中级机器人技术培训师、高级机器人技术培训师。

2015 年 7 月 26 日，中国专业人才库全国机器人技术考评管理中心发布最新的《全国青少年机器人技术等级考试大纲》（附录 5）。该大纲规范明确了计算机技术等级考试测评的知识目标、能力目标和情感目标。

4.6　机器人创客教室

研创活动

- 查阅机器人创客教室资料，谈谈机器人创客教室的内涵。
- 结合自己的理解，谈谈机器人创客教室与 3D 机器人创客教室功能和作用的差异性。
- 机器人创客教室的基本配置有哪些？如何创意设计机器人创客教室？
- 如何利用机器人创客教室开展创客教育和 STEAM 教育？

1. 机器人创客教室定义

创客教室又称为创客实验室、研创室、STEAM 教室、智慧教室等，是满足师生设计、制造、观察、交流、学习、创新等需求的智慧环境。创客教室一般分为四大区域：创意设计区、创意制作区、创意交流区、创意展示区。

机器人创客教室是学习机器人理论和技术、利用教育机器人开展教学活动，以及研发教育机器人的智慧环境。学习机器人理论和技术主要是机器人教育，其目的是普及机器人基本知识、培养机器人人才。利用机器人开展教学活动主要是利用机器人辅助教学、辅助管理，以及利用机器人开展教学，机器人扮演"教师"和"学伴"的角色。研发教育机器人主要是搭建拼装机器人，并编制程序让机器人具有特定的功能，完成具有挑战性的任务。

2. 3D 机器人创客教室

　　3D 机器人创客教室是运用 3D 硬件设备、3D 数字化资源、3D 软件系统构成的智慧学习空间。3D 机器人创客教室具有资源呈现立体化、交互虚拟化、强临场性等特点，能够提升学习者学习的趣味性和互动性，将抽象的事物具体化，增强学习者理解能力。

　　利用 3D 机器人创客教室可以让学习者观看机器人影片、普及机器人知识、学习机器人基本结构和工作原理、创意设计 3D 机器人作品等。3D 机器人创客教室配置及主要功能，见表 4-1。

表 4-1　3D 机器人创客教室配置及主要功能

序号	3D 机器人创客教室配置	主要功能
1	3D 偏振系统	呈现 3D 资源
2	3D 教学中控讲台	控制 3D 设备，管理课堂教学资源
3	3D 眼镜	观看 3D 资源
4	3D 眼镜消毒柜	用于 3D 眼镜消毒
5	3D 教学服务器	安装 3D 智慧教学系统，存储 3D 资源
6	3D 打印机	打印 3D 机器人、配件等作品
7	3D 打印材料	3D 打印所使用的耗材
8	3D 扫描仪	扫描 3D 实物，辅助 3D 建模
9	高性能计算机	安装 3D 建模软件
10	3D 建模软件	用于设计 3D 机器人模型
11	3D 模型库	3D 机器人、配件设计的素材
12	3D 创意设计教材	学习 3D 创意设计技术的辅助教材
13	创客工具	3D 模型后期处理，制作机器人
14	创客云平台	用于分享、学习、交流 3D 创意设计
15	3D 机器人数字化资源	观看 3D 机器人影片、学习机器人工作原理
16	电子白板	课堂教学演示和研讨
17	教育机器人	学习教育机器人知识、创作教育机器人产品
18	编程软件	开发机器人程序

3. 能力风暴教育机器人实验室

　　能力风暴教育机器人实验室是基于技术教育的青少年创新能力培养的系统解决方案，具有五大教育功能：第一，开展科技活动竞赛；第二，开展 STEAM 教育、创客教育和物联网教育；第三，进行技术教育、创新教学；第四，展示学校形象与创新教育改革成果；第五，进行以多元智能理论为导向的全方位素质教育。

　　能力风暴教育机器人实验室效果图见图 4-1，具有宽敞明亮、舒适、设计新颖等特点。

图 4-1　能力风暴教育机器人实验室效果图

　　能力风暴教育机器人实验室配置清单见表 4-2，包括硬件、课程资源、VJC 软件、游乐场项目和智能柔性制造系统。学校可以结合实际情况及需要满足的功能建设 X20 标准型、X50 技术精英型、X100 科学家型、X200 全能型四种类型的实验室。利用游乐场项目，学习者可以仿制各种模块，在仿制过程中融入自己的设计思想，多组同学协作，布置出自己的创意游乐场。智能柔性制造系统是数控加工设备、物料储运装置和计算机控制等组成的自动化制造系统。学习者可以仿制各工位，也可以创造新功能的工位增加到生产线，在仿制和创造的过程中能够充分学习工业生产线的基本原理。

表 4-2　能力风暴教育机器人实验室配置清单

序号	名称	基本要求
1	硬件	积木系列氚、类人系列珠穆朗玛、飞行系列虹湾、移动系列奥科流思、模块系列伯牙、WER 竞赛产品
2	课程资源	《移动智能教学活动指南》《动力传动教学活动指南》《机械启蒙教学活动指南》《生活科技初级》《生活科技中级》
3	VJC 软件	教育机器人图形化编程软件
4	游乐场项目	大型综合项目，包含摩天轮、大摆锤、海盗船、旋转木马、摇摆伞、跳楼机、旋转飞椅、观光车 8 个运动部分和大门、围墙、拱桥、绿化等不可动部分。项目面积为 300cm×300cm，包含展示台、电源等外围设备
5	智能柔性制造系统	包含虚拟焊接、后轮安装、内饰安装、内饰整型、外壳安装、成车下线和 AGV 小车 7 个功能性工位，另外还包含底盘仓库、后轮仓库、内饰仓库、外壳仓库和主传送带 5 个传送系统，一个生产周期可以完成 3 辆汽车的完整装配过程。项目面积约为 120cm×500cm，包含展示台、电源、加工模型等外围设备

4. 能力风暴教育机器人创客实验室

　　能力风暴教育机器人创客实验室是将创客文化与教育结合，基于学生兴趣、使用数字化与智能工具开展项目式学习，倡导造物、鼓励分享，培养跨学科解决问题的能力、团队协作能力和创新能力的场所。

　　能力风暴教育机器人创客实验室的主要理念：第一，创新教育。培养学生创新意识、创新思维和创新能力。第二，体验教育。在实践中教学、做中学、深度参与。第三，项目学习法。以任务为中心的小组协作。第四，DIY 理念。培养自己动手能力，享受自己动手的成果。第五，信息技术融合。根据创新原理培养学生创新意识、创新思维、创新能力和创新个性。

能力风暴教育机器人创客实验室效果图见图4-2，该实验室更强调创客文化建设。

图 4-2　能力风暴教育机器人创客实验室效果图

能力风暴教育机器人创客实验室配置清单见表 4-3，包括由教育机器人硬件、配套硬件、课程资源、软件等。学校可以结合实际情况及需要满足的功能建设 X20C 标准型、X50C 技术精英型、X100C 科学家型、X200C 全能型四种类型的实验室。

表 4-3　能力风暴教育机器人创客实验室配置清单

序号	名称	基本要求
1	教育机器人硬件	积木系列氪、类人系列珠穆朗玛、飞行系列虹湾、移动系列奥科流思、模块系列伯牙、WER 竞赛产品、能力风暴创客套装标准版
2	配套硬件	3D 打印机、激光雕刻机、弓形臂安全锯床、安全金工车床、安全木工锣床、万能摇臂微型安全铣床、微型安全磨床、万能摇臂安全分度机床、示波器、五金工具套装、电子工具套装、工具墙框架套装、耗材套装
3	课程资源	《移动智能教学活动指南》《动力传动教学活动指南》《机械启蒙教学活动指南》《生活科技初级》《生活科技中级》
4	Arduino、C 语言、3D 软件	小学生制作一个有趣的结构及传动项目、简单编程、学习定格动画制作等；初中生制作组装电动项目、学会使用简单的电子元件、学会用能力风暴创客套件组装带传感器功能的项目等；高中生用 Arduino 开源硬件解决日常问题、学习 C 语言编程、制作自己的机器人、进行 3D 图绘制及 3D 打印实操等

5. 乐高教育创新实验室

乐高教育创新实验室既是综合实验室，也是机器人实验室。在这个实验室可以开展科学、信息技术、物理、数学、通用技术、机器人等多门学科的教学，可以根据需要将这个实验室变为科学实验室、信息技术实验室、探究实验室、通用技术实验室、机器人实验室等。

乐高教育创新实验室配置清单见表 4-4，包括教室基础器材、乐高设备、创客设备、电脑、软件、课程资源等。

表 4-4　乐高教育创新实验室配置清单

序号	器材分类	器材名称
1	教室基础器材	多媒体设备(投影、LED 显示屏、中控设备等)，讲台、桌椅(可自由移动)，设计桌，机器人赛台，零件柜、展示柜、乐高器材柜，工具墙，LEGO 装饰海报，储物柜
2	乐高设备	故事启发核心套装(45100)、故事启发童话主题包(45101)、故事启发太空套装(45102)、故事启发社区主题包(45103)、综合学科入门套装和课程包(45120)、数学一起搭核心套装(45210)、WeDo2.0 核心套装(45300)、头脑风暴®EV3 机器人套装(45544)、LME EV3 主题包(45560)、EV3 机器人太空挑战套装(45570)、EV3 机器人温度传感器(9749)、早期简单机械套装(9656)、简单动力机械套装(9686)、简单机械套装(9689)、新能源补充包(9688)、LEGO Boost 机器人(17101)
3	创客设备	微型机床、3D 打印机、3D 扫描仪、激光雕刻机等
4	电脑	MacBook、iPad 等
5	软件	西觅亚虚拟机器人(SVR)、LEGO Digital Designer 乐高搭建软件、WeDo2.0、EV3、LEGO Boost 等乐高编程软件
6	课程资源	WeDo2.0、EV3、LEGO Boost 等乐高课程资源

　　乐高教育强调培养学生的自主学习能力，在愉悦的搭建过程和探究经历中获得知识与能力，注重情感的培养和科学态度的养成。乐高教育创新实验室布置应该遵循"玩中学""做中学"的教学理念，方便实施乐高"4C"教育理念和"5F"教学理论，见图 4-3。

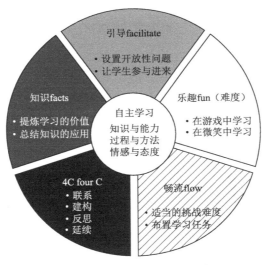

图 4-3　乐高"5F"教学理论

　　"4C"顾问式的教育解决方案是乐高教育根据儿童获取知识的过程和学习效果而设计的，是建立在心理学家皮亚杰建构论的理念基础上形成的一种教育模式。

　　"4C"教育理念具体内容如下。

　　联系(connect)：引起学生的好奇心，唤醒学生的创造力，与学生的所学知识联系起来，调动学生积极性。

　　建构(construct)：当你动手搭建模型的同时，也会在大脑中构建知识。

反思（contemplate）：提出问题引导学生反思，让学生意识到学会了新的知识。

延续（continue）：布置作业，在作业中运用所学的知识和技巧达到巩固学习的效果；坚持向学生提出新的挑战来达到畅流（flow）。

21 世纪的教师需要从讲台上的讲授，向走近学生、参与学生的学习活动转变，并成为学生团队学习的引领者。教师作为团队学习的引领者，需要设置教学情景，设置跟教学目标相关的问题，驱使整个教学流程，给学生答疑。教师需要成为引导型的教育者，这是教育史上的重大革命。在这种背景下，乐高提出"5F"教学理论。

"5F"教学理论具体内容如下。

引导（facilitate）：教师应该成为一个善于引导者。

乐趣（fun）：让学生在"玩中学""做中学"，激发学生的学习兴趣，提升发展性的成果和形成终身学习，成为有乐趣的思考者。

畅流（flow）：教师给学生适当难度的挑战，以达到最理想的学习状态。最稳妥的方式是保证任务是开放性的，但同时也可以达到很深奥的应用程度，既要保证任务的低门槛，也要准备一些额外的挑战任务。

4C（four C）：联系、建构、反思、延续。

知识（facts）：知识即在不断的练习和检验中提炼出的学习价值；扩展知识是课程的重要部分，因为学习新的思想、概念场景、故事、规则和技巧能够激发每个学生，并让他们拥有学习成就感；知识和理念能让学生与他人就某一话题进行有效的沟通。没有这些知识的话，学生则难以参与讨论，无法表达他们的观点。形象化的知识，可以让学生提出关于他们周围世界的问题。

6. 乐高教育创客（设计）流程

乐高教育创客（设计）流程见图 4-4，具体包括六个步骤：确定问题、头脑风暴、确定设计标准、进行创作、总结和修改方案、分享方案。

确定问题
头脑风暴
确定设计标准
进行创作
总结和修改方案
分享方案

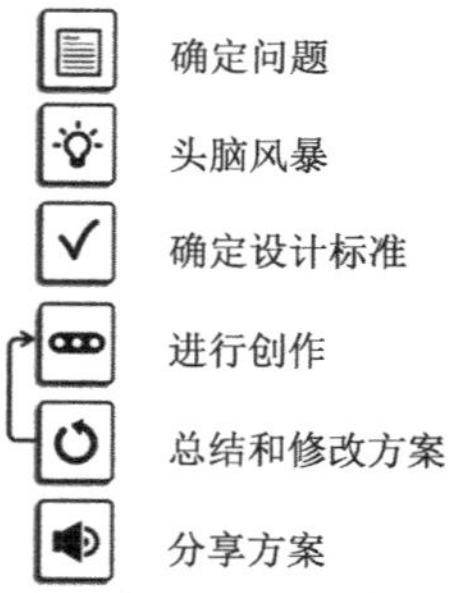

图 4-4　乐高教育创客（设计）流程

（1）确定问题

学生应该从一开始就厘清真正需要解决的问题。学生可以参考联系图像，不仅要想办法满足自己的需求，还要设计方案满足别人的需求。在此阶段，切勿展示最终方案示例。

（2）头脑风暴

头脑风暴是创客（设计）流程中具有能动性的组成部分。一些学生会觉得通过动手操作乐高积木，更容易探究验证他们的想法；另一些学生则喜欢画草图和记笔记。团队合作必不可少，但学生在组内分享自己的想法之前，应该给他们一些独立作业的时间。

（3）确定设计标准

可能需要经过仔细的讨论和磋商，并且运用不同的技能（具体取决于学生的技能），才能就可拼砌的最佳方案达成一致意见。例如：①某些学生擅长绘图；②另外一些学生可以拼砌部分模型，然后描述其创意想法；③还有一些学生可能擅长描述策略。

营造良好的氛围，鼓励学生畅所欲言，不管想法听上去多么令人费解，都要大胆地说出来。在这一阶段，一定要积极参与，保证学生选出的创意方案切实可行。

学生应该设定明确的设计标准。问题的解决方案创作完成后，学生将回顾设计标准，并根据这些标准测试该方案的效果。

（4）进行创作

学生需要使用乐高套装和其他材料（根据需要）制作一个小组创意方案。如果他们觉得自己的创意方案很难拼砌，鼓励他们把问题分解成更小的部分。告诉他们不必一开始就想好整个方案。提醒学生，这是一个不断重复的过程，他们可以边制作边测试、分析和修改方案。

使用这一创客流程并不表示要遵循一组不灵活的步骤，而是将其视为一组实践活动。例如，头脑风暴可能主要在流程开始阶段进行。不过，在学生尝试想出改进创意的方法时或是在获得糟糕的测试结果并且必须更改设计的某些功能时，他们也可能需要对各种想法进行头脑风暴。

（5）总结和修改方案

为了帮助学生培养其批判性思维和交流技能，您可能想让一个小组的学生观察并评判另一个小组的方案。同行检查和格式化反馈可同时帮助提供反馈的学生和收到反馈的学生改进其工作。

（6）分享方案

学生学习卡可用于项目的基本记录。学生也可以参照学习卡，在全班同学面前展示自己的作品。也可以以组合的形式将项目用于绩效评估或用于学生自我评估。

拓 展 资 料

百度网. 机器人教育[EB/OL]. (2018-08-01)[2018-8-15]. https: //baike. baidu. com/item/机器人教育.

格物斯坦（上海）机器人有限公司. 格物斯坦机器人实验室[EB/OL]. (2018-08-01)[2018-8-15]. http://www. gstem. cn.

何智, 胡又农, 艾伦. 2006. 中小学生机器人竞赛的教育价值述评[J]. 中国教育技术装备, (01): 13-15.

彭绍东. 2002. 论机器人教育（上）[J]. 电化教育研究, (06): 3-7.

彭绍东. 2002. 论机器人教育（下）[J]. 电化教育研究, (07): 16-19.

上海未来伙伴机器人有限公司. 能力风暴创客实验室[EB/OL]. (2018-08-01)[2018-8-15]. http: //www. abilix. com.

深圳未来立体教育科技有限公司. 未来立体 3D 智慧教学系统[EB/OL]. (2018-08-01)[2018-8-15]. http:// www. f3dt. com/index. aspx.

搜狐网. "人机大战"机器人胜教师!不是老师要被取代, 而是老师要被"解放"[EB/OL]. (2017-10-21)[2018-8-15]. http: //www. sohu. com/a/ 199369604_351369.

搜狐网. 连机器人都能当老师了, 你怎么办?[EB/OL]. (2016-01-06)[2018-8-15]. http://www.sohu.com/a/ 52610981_186654.

王凯, 孙帙, 西森年寿, 等. 2017. 日本机器人教育的发展现状和趋势[J]. 现代教育技术, 27(04): 5-11.

王益, 张剑平. 2007. 美国机器人教育的特点及其启示[J]. 现代教育技术, (11): 108-112.

新浪网. 双语: 韩国"机器人老师"受学生热捧[EB/OL]. (2010-3-22)[2018-8-15]. http://edu.sina.com.cn/en/
  2010-03-22/115155099. shtml.

张剑平, 王益. 2006. 机器人教育: 现状、问题与推进策略[J]. 中国电化教育, (12): 65-68.

众诚科技. 众诚科技创客教室[EB/OL]. (2018-08-01)[2018-8-15]. http://www.zcst.com.cn/.

Educational robotics[EB/OL]. (2018-08-01)[2018-8-15]. https://en.wikipedia. org/wiki/Educational_robotics.

第 5 章

飞行机器人

学习目标

1. 掌握飞行机器人的定义。
2. 了解飞行机器人的起源与发展。
3. 掌握飞行机器人结构演变历史。
4. 了解无人机分类。
5. 掌握无人机飞行原理。
6. 能够结合无人机性能指标评价无人机性能。
7. 理解飞行机器人研制中的关键技术。
8. 熟练掌握虚拟无人机飞行训练系统。
9. 了解无人机执照的管理和种类。
10. 熟练掌握无人机系统。
11. 熟练掌握无人机构成。
12. 熟练掌握无人机航拍技术。
13. 深入了解飞行教育机器人产品。

知 识 点

飞行机器人、无人机、无人机分类、无人机飞行原理、无人机性能指标、螺旋飞行器、飞行状态、虚拟无人机飞行训练系统、空中信息学、遥控飞行模拟器、无人机执照、无人机系统、无人机构成、无人机航拍技术、飞行教育机器人。

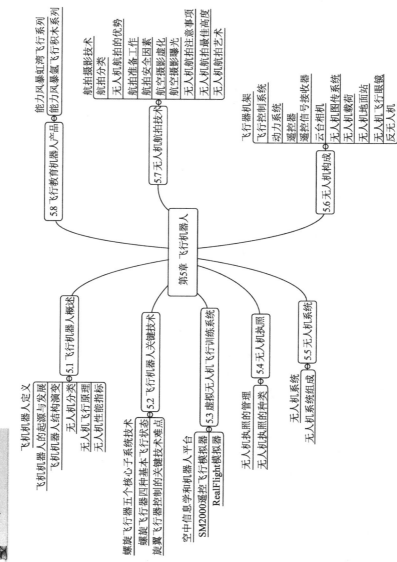

本章知识导图

第5章 飞行机器人

- 5.1 飞行机器人概述
  - 飞机机器人定义
  - 飞机机器人的起源与发展
  - 飞行机器人结构演变
  - 无人机分类
  - 无人机飞行原理
  - 无人机性能指标

- 5.2 飞行机器人关键技术
  - 螺旋飞行器五个核心子系统技术
  - 螺旋飞行器四种基本飞行状态
  - 旋翼飞行器控制的关键技术难点

- 5.3 虚拟无人机飞行训练系统
  - 空中信息学和机器人平台
  - SM2000遥控飞行模拟器
  - RealFlight模拟器

- 5.4 无人机执照
  - 无人机执照的管理
  - 无人机执照的种类

- 5.5 无人机系统
  - 无人机系统组成

- 5.6 无人机构成
  - 飞行器机架
  - 飞行控制系统
  - 动力系统
  - 遥控器
  - 遥控信号接收器
  - 云台相机
  - 无人机图传系统
  - 无人机载荷
  - 无人机地面站
  - 无人机飞行眼镜
  - 反无人机

- 5.7 无人机航拍技术
  - 航拍摄影技术
  - 航拍分类
  - 无人机航拍的优势
  - 航拍准备工作
  - 航拍安全因素
  - 航空摄影虚化
  - 航空摄影曝光
  - 无人机航拍注意事项
  - 无人机航拍最佳高度
  - 无人机航拍艺术

- 5.8 飞行教育机器人产品
  - 能力风暴虹湾飞行系列
  - 能力风暴氢飞行积木系列

ns...

理解飞行机器人内涵，掌握飞行机器人结构演变历史，掌握无人机飞行原理，评估无人机性能，理解飞行机器人研制中的关键技术，熟练操作虚拟无人机飞行训练系统，理解无人机执照的管理和种类，理解无人机系统，理解无人机构成、掌握无人机的组装技术，掌握无人机航空技术，深度分析飞行教育机器人产品。

1. 阐述飞行机器人的发展史。
2. 阐述飞行机器人结构演变历史。
3. 无人机分类的依据和标准是什么？
4. 阐述无人机飞行原理。
5. 评价无人机的性能指标有哪些？
6. 飞行机器人的关键技术有哪些？
7. 常见的虚拟无人机飞行训练系统有哪些？各有什么功能？
8. 考取无人机执照需要具备哪些知识和技能？
9. 什么是无人机系统？无人机系统如何组成？
10. 无人机由哪些硬件和系统构成？
11. 无人机航拍技术有哪些？如何才能够具备熟练的无人机航拍技术？
12. 列举常见的飞行教育机器人产品，并分析其功能和特点。

5.1　飞行机器人概述

- 查阅飞行机器人资料，结合飞行机器人发展历史，预测飞行机器人的发展趋势。
- 依据飞行机器人结构演变历史，预测飞行机器人的结构发展趋势。
- 讨论无人机如何分类。
- 讨论无人机飞行原理。
- 参照无人机性能指标，选择一款无人机，评价其性能。

1. 飞行机器人定义

飞行机器人，又称为无人机，具有三维空间中机动性强、悬停能力等特点。无人机是一种自带动力的、无线电遥控或自主飞行的、能执行多种任务并能多次使用的无人驾驶飞行器。

2. 飞行机器人的起源与发展

1907 年，Breguet-Richet 成功研制一种简易四旋翼飞行器。它的主框架由四根支架管组成，并按照水平十字交叉分布。在每个支架末端分别固定了双层旋翼，四个旋翼中对角线旋翼旋转方向相同，相邻旋翼之间的旋转方向相反。在飞行试验中飞行器能载飞行员飞行至 1.5m 的高度，但飞行时间比较短，而且这款飞行器只有油门作为唯一的控制设备，在飞行试验过程中稳定性很差，这是早期四旋翼飞行器的雏形。

1921 年，George De Bothezat 建造了一架大型的四旋翼直升机。这款飞行器由一个发动机带动四个旋翼并产生升力，经过多次飞行试验，实际飞行控制效果较差，不过这些研究都对四旋翼飞行器的发展奠定了很好的基础。

2002 年，美国宾夕法尼亚大学的 V.Kumar 教授，使用 HMX-4 商用模型作为四旋翼飞行器的研究平台，开发出了一款基于视觉反馈的直升机反馈控制系统。采用反步法（Backstepping）控制算法对飞行器进行控制，飞行器能够完成在室内定点悬停、目标识别及避障等任务，同时该飞行器具有较好的鲁棒性（robustness），是指控制系统在一定结构、大小的参数摄动下，维持其他某些性能的特性。

2007 年，瑞士洛桑联邦理工学院自动化系统实验室研发了一种小型四旋翼飞行器；该飞行器分别采用了 PID（比例、积分、微分）控制算法、LQ 控制算法对姿态进行控制，通过试验对比发现 PID 控制算法相较于 LQ 控制算法具有较好的控制性能，实现了在室内或室外环境下的完全自主飞行。

2008 年，麻省理工学院计算机科学和人工智能实验室研制了一种微型四旋翼飞行器。它采用激光测距仪、摄像机及激光扫描仪代替惯性导航设备，对飞行器姿态进行控制，可实现在狭小空间内或存在 GPS 盲区的地方稳定地自主飞行。

2013 年，美国哈佛大学的研究人员研发出了名叫 Robo-Fly 的世界上最小的昆虫式机器人，见图 5-1。Robo-Fly 整体由碳纤维材质构成，重量很轻还不到 1g。由于 Robo-Fly 配备了振动频率超快的"电子肌肉"，所以整个翅膀的振动速度非常之快，达到了每秒 120 次。作为世界上最小的飞行机器人，Robo-Fly 可以模仿昆虫的飞行路线，甚至普通人难以像捉蚊子那样捉住它。

虽然身材小巧，但 Robo-Fly 在搜索和救援行动中大有用处，它可以在倒塌的废墟中挤过狭小的空间。Robo-Fly 在未来将会被应用到类似地震、房屋倒塌等突发灾难的救援工作中。

图 5-1　Robo-Fly 飞行机器人

　　Robo-Fly 由一根轻量级的系绳金属丝驱动和控制，身形如同真正的昆虫一样灵活。Robo-Fly 利用"头部"的金字塔形光传感器，能在空气中找到平衡。这也是该技术第一次用在这么小的机器上。Robo-Fly 的研发灵感来源于昆虫，这种生物仅仅靠身体上的感觉器官保持平衡。Robo-Fly 模仿蜜蜂、苍蝇和其他昆虫的光敏眼睛，也就是所谓的"单眼"。昆虫头顶上有三个隆起的单眼，头部两侧有一对大的复眼，帮助它们辨别颜色，在飞行中掌握方向并保持稳定。在 Robo-Fly 上，单眼设计成焊接着四个光电晶体的定制电路板，可以折叠成金字塔形状。科学家将机械单眼附加在机器人飞行器上，用以保持平衡。

　　但是目前 Robo-Fly 的飞行范围还非常小，并且需要人员在很近的距离之内进行遥控。研究团队希望在未来的几年内能够研发出大范围的无线飞行机器人。Robo-Fly 的灵感完全来自昆虫，目前已经成为人类仿生学领域中最成功的科研成果之一。

　　2006 年，影响世界民用无人机格局的大疆无人机公司成立，先后推出的 Phantom 系列无人机，在世界范围内产生深远影响，研制的 Phantom 2 Vision+在 2014 年入选《时代》杂志评选的年度十大科技产品。

　　2009 年，美国加州 3DRobotics 无人机公司成立，这是一家最初主要制造和销售 DIY 类遥控飞行器(UAV)的相关零部件的公司，在 2014 年推出 X8+四轴飞行器后名声大噪，目前已经成长为与中国大疆相媲美的无人机公司。

　　德国 Festo 公司将大自然作为仿生机器人技术改进的灵感源泉，推出了多种飞行机器人产品。2012 年，Festo 发布了仿生银鸟(Smart Bird)，躯干长 1m，翼展 2m，重 450g，主要材料为碳纤维。其内置 5 个马达，一次可以飞行 20 分钟，翅膀不仅可以来回拍打，还能有目的地扭转。

　　2015 年，Festo 发布了仿生蝴蝶(eMotion Butterfly)，其身体主要材料都是碳纤维，无论是翅膀还是主干，所以重量很轻，只有 32g。其翼展 50cm，飞行速度 1～2.5m/s，最长可以飞行4分钟。头部放置两个马达，尾部是电池和控制通信系统。蝴蝶的飞行依靠展区内配置的主机、红外摄像头及室内 GPS，继而控制飞行机器人的轨迹，最多可 15 只蝴蝶同时飞行不相撞，蝴蝶之间可以实时沟通。

2016 年，Festo 发布了具备抓取功能的球形无人机——Free Motion Handling，可自动装卸重达 400g 的物品。该飞行球直径为 137cm，由球体、转子填充环和抓取器组成，该机器人的抓取器设计灵感来源于变色龙的舌头。

2017 年，Festo 发布了仿生水母(Air Jelly)和仿生企鹅(Air Penguin)。Air Jelly 是一个无线遥控的空中水母，由直径为 1.35m 的氦气球和八根自适应触须组成，具有中央驱动器和智能自适应机制。氦气球体积为 1.3m^3，1m^3 的氦气可为其提供约 1kg 的浮力。Air Jelly 的总重量，包括气球及其所有辅助部件，不超过 1.3kg。Air Jelly 备有两个锂离子聚合物蓄电池，可在半小时内完成充电，能支持 2.5~3 小时的飞行时间。机器人的中央驱动器将电力传递到锥齿轮，然后依次传递到八个正齿轮，这些齿轮带动八个轴，每个触角激活一个曲柄，以此带动八根"触角"，"触角"设计成包括两个拉压力交替的侧翼，如果侧翼受到压力，则结构会自动沿所施加的力的方向弯曲。综合起来，八根触手就产生了一种类似于生物蠕动的运动，可以通过内置的轴承实现远程操控。

Air Penguin 由一个形似飞艇的气囊和鳍状肢组成，两边的脚蹼可以提供向前的推力，尾鳍和鼻尖处均可自由活动。该机器人还配备了复杂的导航和通信设施，允许它们自主或根据固定规则进行自主探索。

3. 飞行机器人结构演变

飞行机器人结构演变大致经历了微型飞行器、固定翼式无人机、扑翼式飞行器、旋翼飞行器四个阶段。

(1) 微型飞行器

微型飞行器(micro air vehicle，MAV)是一种由无线电装备或者是由机载电脑进行控制，利用自身的动力装备产生空气动力抵消自身重力进行自主飞行的飞行器。微型飞行器一般能够传输实时图像或执行其他功能，有足够小的尺寸(小于 20cm)、足够的巡航范围(如不小于 5km)和飞行时间(不少于 15min)。MAV 按照结构及飞行特点可分为固定翼式 MAV、扑翼式 MAV 和旋翼式 MAV。

(2) 固定翼式无人机

最早的固定翼式无人机研究始于 1914 年爆发的第一次世界大战。固定翼式飞行器的优点是续航时间长、飞行效率高、载荷大，故多用于军事和运输。在过去的几十年里固定翼式无人机开始向 MAV 方向发展。

固定翼式 MAV 的缺点是起飞的时候必须要助跑，降落的时候必须要滑行，且固定翼式 MAV 在空气动力学方面面临不少技术问题。由于尺寸限制，固定翼式 MAV 通常采用小展旋比机翼布局，升阻比较小，升力面积也比较小，所以很难提供足够的升力。固定翼式 MAV 的空气动力不太稳定，其飞行状态可能始终都在随时间的变化而变化，因此固定翼式 MAV 发展受到很大限制。

（3）扑翼式飞行器

扑翼式飞行器，是一种能像鸟那样扇动翅膀飞行的机器，随着现代材料、动力、加工技术，特别是微机电系统（micro-electro-mechanical system，MEMS）技术的进步，现代扑翼式 MAV 已经能够实现较好的飞行与控制。

扑翼式 MAV 的缺点在于气动效率低、动力及机构复杂、材料要求高、有效载荷小。以气动问题为例，微小型扑翼属于低雷诺数、非定常过程，如今仍无法完全了解扑翼扑动过程中的流动模型和准确气动力变化，也没有完善的分析方法可以用于扑翼气动力计算，相关研究主要依赖试验。故扑翼式 MAV 距实用仍有一定差距，无法广泛应用于实际。

（4）旋翼飞行器

旋翼式 MAV 的发展相比以上两种飞行器较为缓慢。早期由于多旋翼飞行器飞控理论还不成熟，加上多旋翼的待控参数多、控制系统复杂等技术原因，致使早期的多旋翼飞行器无法实现在高空长时间飞行。但是旋翼式 MAV 相较于以上两种飞行器有着更加优越的性能，例如，旋翼式 MAV 能够适应各种各样的环境，能做到垂直起降、空中悬停、侧飞、倒飞、翻滚等，保持飞行姿态能力强、偏航转向更为灵活。近年来，随着新型材料的使用、微处理技术的进步、传感器工艺的提高、动力装置的改善，旋翼式 MAV 取得了快速的发展，现已广泛应用于各种领域。

微型四旋翼飞行器（quad-rotor MAV）是旋翼式 MAV 的一种，属于非共轴式碟形飞行器。与单旋翼式 MAV 相比，四旋翼飞行器不必通过改变螺旋桨倾角调整姿态，而是通过 4 个旋翼转速的调整来进行姿态变换；由于旋翼数增加，负重量也随之变大；其 4 个旋翼分布对称，从而抵消各自产生的反扭力矩，因此不需要添置尾桨。与其他多旋翼式 MAV 相比，四旋翼飞行器成本低，结构简单，易于操作和维护，4 个旋翼分布对称，有更强的机动能力；悬停稳定性更佳，更适合在复杂环境内进行侦察监视等任务，具有很好的应用前景。

无人机按应用领域，可分为军用与民用。军用方面，无人机分为侦察机和靶机。民用方面，无人机+行业应用，是无人机真正的刚需；目前在航拍、农业、植保、微型自拍、快递运输、灾难救援、观察野生动物、监控传染病、测绘、新闻报道、电力巡检、救灾、影视拍摄、制造浪漫等领域的应用，大大拓展了无人机本身的用途，发达国家也在积极扩展行业应用与发展无人机技术。

4. 无人机分类

无人机按照应用领域、飞行技术、重量分类（民航法则）、活动半径、任务高度等分为不同种类，无人机分类见表 5-1。

表 5-1　无人机分类

分类依据		无人机分类
应用领域	科教无人机	能力风暴教育机器人飞行积木系列氚、能力风暴教育机器人飞行系列虹湾、硅步科学仪器 PICA 科研型无人机、硅步科学仪器 Gapter EDU 专业教学无人机

续表

分类依据		无人机分类
应用领域	消费无人机	航拍无人机、影视无人机、竞速无人机(穿越机)、遥控航模、飞行平台、水下无人机
	工业无人机	巡检无人机、植保无人机、气象无人机、系留无人机、测绘无人机、消费无人机、救援无人机、警用无人机、物流无人机、载人无人机、影视无人机、氢燃料无人机、太阳能无人机、水下机器人
	军用无人机	战斗无人机、侦查无人机、诱饵无人机、电子对抗无人机、靶机、通信中继无人机
飞行技术		固定翼无人机、无人直升机、旋翼无人机、无人飞艇、扑翼无人机、伞翼无人机、垂直起降固定翼无人机
重量分类(民航法则)		微型无人机(空机质量≤7kg)、轻型无人机(7kg<空机质量≤116 kg)、小型无人机(116kg<空机质量≤5 700kg)、大型无人机(空机质量>5 700kg)
活动半径		超近程无人机(活动半径≤15km)、近程无人机(15km<活动半径≤50km)、短程无人机(50km<活动半径≤200km)、中程无人机(200 km<活动半径≤800km)、远程无人机(活动半径>800km)
任务高度		超低空无人机(任务高度 0~100m)、低空无人机(任务高度 100~1 000m)、中空无人机(任务高度 1 000~7 000m)、高空无人机(任务高度 7 000~18 000m)、超高空无人机(任务高度大于 18 000m)

5. 无人机飞行原理

1726 年,丹尼尔·伯努利提出了"伯努利原理"。其最为著名的推论为等高流动时,流体的速度越大,静压力越小,速度越小,静压力越大。设法使机翼上部空气流速较快,静压力则较小,机翼下部空气流速较慢,静压力较大,于是机翼就产生了上升的推力。

6. 无人机性能指标

无人机性能主要受以下指标影响。

航程:衡量无人机作战距离的重要指标。与无人机的翼型、结构、动力装置等有关。另外,美军已经在研究无人机空中加油技术,以增加无人机的航程。

续航时间:飞机耗尽其可用燃料所能持续飞行的时间称为最大续航时间,这是衡量无人机任务持续性的重要指标。不同类型的无人机系统,对续航时间的要求是相同的。

升限:飞机能维持平飞的最大飞行高度称为升限,分为理论升限和实用升限。飞行高度对于军用航空器来说,是保证作战任务完成的重要指标。

飞行速度:是衡量无人机飞行能力,甚至是突防、攻击性能的重要数据,包括巡航速度和最大速度。巡航速度是指飞机在巡航状态下的平飞速度,一般是最大速度的 70%~80%。

爬升率:在一定飞行重量和发动机工作状态下,飞机在单位时间内上升的高度,也可用爬升到某高度用掉多少时间来表示。

5.2　飞行机器人关键技术

- 飞行机器人研制中的关键技术有哪些?
- 如何控制旋翼飞行器的飞行状态?

1. 旋翼飞行器五个核心子系统技术

旋翼飞行机器人建模、控制、规划理论与技术已渐趋成熟。为了保证旋翼飞行机器人系统能够在主动作业机构运动时保持稳定的飞行状态,需要对旋翼飞行机械臂系统的协调规划和控制问题进行研究。旋翼飞行器五个核心子系统技术分别是机体,动力装置,传感器,通信、指挥与控制(C3)系统,信息技术。

当前能够驱动无人机系统技术发展的任务特点和需求包括轻量化(复合结构)、长航时、高负荷承载能力,以及具备可交换性的标准化负载模块。同时,持续的小型化、传感器融合、C3 标准化及基础设施一体化,将使飞行机器人变得更小,功能更强大。

2. 旋翼飞行器四种基本飞行状态

为定义机体坐标系和惯性坐标系,根据牛顿运动定律对四旋翼飞行器进行受力分析,采用欧拉角描述飞行器姿态并结合四旋翼飞行器运动方程,通过推导得出飞行器的非线性数学模型,控制四种基本的飞行状态:垂直方向运动、横滚运动、俯仰运动、偏航运动。

3. 旋翼飞行器控制的关键技术难点

(1)机体优化设计

对于四旋翼飞行器机体的设计,主要考虑飞行器的质量、能耗及体积等因素。飞行器的质量与能耗及体积之间相互影响,因此首先需要确定飞行器机体参数,然后选择合适的直流无刷电机、螺旋桨及电池等材料。

(2)难以建立精确的四旋翼飞行器模型

建立精确的飞行器模型是研究飞行器控制算法的基础和前提,但由于四旋翼飞行器是一个强耦合、多变量的非线性复杂系统,同时在飞行过程中很难获得准确的空气动力学参数,且飞行器容易受到空气阻力和风速的影响,因此很难建立精确的四旋翼飞行器模型。

(3)飞行器所使用的传感器采集到的姿态数据存在误差

陀螺仪采集角速度时存在零漂误差和温漂误差;加速度计采集角加速度时存在振动误差

和零漂误差；当飞行器处于低空飞行情况下，采用气压高度计采集高度信息存在较大的误差。这些因素都会对飞行器姿态信息和位置信息的测量产生影响，进而影响飞行器的控制性能。

(4)飞行器控制算法设计

目前针对四旋翼飞行器控制算法的研究有很多，主要有经典 PID 控制算法、H∞控制算法、反步法等。飞行器算法性能主要是从响应速度、稳定性及超调量等方面进行衡量，但响应速度、稳定性及超调量这三者之间相互影响、相互制约。

(5)飞行器壁障技术

以传感器判断周围事物与自身的距离，然后通过控制电机输出，停止继续接近障碍，甚至是绕过障碍。最初，无人机常用的测距方式为"飞行时间(time of flight，TOF)"，无人机通过发射激光/红外线/超声波，然后计算电波反射到传感器的时差，估算障碍与自己的距离；但这种方法感知范围狭窄、距离也不够远。2016 年新的无人机主要利用计算机视觉壁障：改用通过双目摄影机或结构光造成的视差(parallax)，进行即时的三维建模，判定障碍物与无人机之间的距离。

避障是要用来回避障碍，但无人机飞得越高，障碍物就越少，对避障的需求就越来越低。目前消费级无人机仍然以航拍为主，用户为了拍摄"上帝视角"，需要让无人机飞往高空；但在高空中却没有太多的障碍要躲，航拍无人机飞行越高，景色越壮观，越与避障无关。

5.3　虚拟无人机飞行训练系统

研创活动

• 查阅空中信息学资料，概述空中信息学的研究对象、研究目的、研究方向、研究现状等。

• 常见的虚拟无人机飞行训练系统有哪些？比较分析其优缺点。

1. 空中信息学和机器人平台

2017 年，微软推出一个名为 Aerial Informatics and Robotics Platform 的开源平台，研究者和开发者可以利用它，来自主、安全地训练和测试机器人、无人机和其他设备。

该平台的主要优势：第一，开发者可以任意"炸机"，不限次数，不需要花费数万美元的钱，也不用担心会伤及无辜。第二，开发者可以通过此平台做更好的人工智能研究。由于这类研究需要大量的试错，开发者可以从测试过程中收集大量的数据，用以构建让无人机系统安全运行的算法。可以生成随机环境，以供开发者测试自己的无人机或机器人，但它的受众并非只有自动驾驶交通工具。能够让开发者在两个最流行的无人机通信协议 DJI 和 MavLink 上编写可以控制无人机的代码。还能帮助开发者为无人机制定飞行规划，也就是告诉无人机在何种情况下该如何反应，就像行人在远远地看到汽车时会调整路线一样。未来，微软还计划加入更多的工具来帮助开发者为 AI 驱动的自动驾驶交通工具建立感知和安全处理能力。

2. SM2000 遥控飞行模拟器

SM2000 遥控飞行模拟器是 SM600 的升级版，包含手柄、USB 加密狗、转接线、软件(凤凰 5.0 、RealFlight 7、XTR5.0、FMS、AROFLY、VRC)等。SM2000 兼容 32 位和 64 位各种版本 Windows 系统。USB 加密狗连接真实的遥控器，硬件破解后，利用遥控器里的 PPM 信号控制 PC 模拟器。SM2000 的设计分为两部分：标准的 USB 解密狗和模拟遥控器。两部分通过立体声音频插头连在一起，合起来是带遥控手柄的模拟器，分开后可以和真实的遥控器连接。

3. RealFlight 模拟器

RealFlight 是目前拟真度最高的一款模拟飞行软件，拥有细腻的设定，拟真度及画面更是无人能出其右。

RealFlight 画面漂亮，呈现即时运算的 3D 场景，从机体排烟的浓淡到天空云彩的颜色都可自行定义。飞行模组及对风的特性拟真度极高，高仿真持续风、阵风、随机风向等。其具有网络连线功能，可与他人连线飞行；具有录影功能，可录制飞行档，观看飞行档时还可以显示摇杆的动作。飞行中可在画面上显示机体各项数据，如螺距、主旋翼转速等。音效效果好，引擎及主旋翼的声音都栩栩如生。

5.4　无人机执照

* 无人机执照的种类有哪些?
* 考取无人机执照需要具备哪些知识和技能?

1. 无人机执照的管理

民用无人机在全球范围的发展速度非常快，国际民航组织已经开始为无人机及其相关系统制定标准和建议措施、空中航行服务程序和指导材料，因此多个国家推出了临时性管理规定。2013 年 11 月 18 日，中国民用航空局也下发了《民用无人驾驶航空器系统驾驶员管理暂行规定》（AC-61-FS-2013-20），对当时出现的无人机及其系统的驾驶员实施指导性管理，目的是按照国际民航组织标准建立我国完善的民用无人机驾驶员监管措施。2015 年 12 月，中国民用航空局飞行标准司发布《民用无人驾驶航空器系统驾驶员管理暂行规定》（征求意见稿）。2016 年 7 月 11 日，中国民用航空局飞行标准司发布《民用无人机驾驶员管理规定》（AC-61-FS-2016-20R1）。

无人机进入持证上岗时代，根据《通用航空飞行管制条例》的相关规定，从事通用航空飞行活动的单位、个人，凡是未经批准擅自飞行、未按批准的飞行计划飞行、不及时报告或者漏报飞行动态、未经批准飞入空中限制区域和空中危险区域的，由有关部门按照职责分工责令改正，给予警告；造成重大事故或者严重后果的，依照刑法追究刑事责任。此外，由国家体育总局发布的《关于加强航空模型飞行场地管理的通知》中规定，遥控航空模型的飞行场地、飞行空域内不得有人或建筑群、高压电线等障碍物，任何情况下模型飞机都不得在人群上空飞行。

目前，我国空域管理权属于空军，民航局只能在空军的允许范围内使用空域。根据《民用无人驾驶航空器系统驾驶员管理暂行规定》，重量小于等于 7kg 的微型无人机，飞行范围在目视距离半径 500m 内、相对高度低于 120m 范围内，不需要证照，原则上所有飞行都需要申报计划。超出该范畴的，如送快递、市区航拍等商用领域，则在飞行资质管理范围内。按照现行相关规定，向民航、空军等主管单位申请空域飞行使用，必须具备中国 AOPA（Aircraft Owners and Pilots Association of China）官方颁发的无人机驾驶员执照等资格。

2. 无人机执照的种类

无人机训练合格证分驾驶员、机长 2 个级别，教员级别在合格证上签注。驾驶员飞行训练培训不少于 44 小时，其中包括飞行前检查 4 小时，正常飞行程序操作，不少于 20 小时，应急飞行程序操作，包括发动机故障、链条丢失、应急回收、迫降等，不少于 20 小时。机长培训不少于 56 小时，教员培训要求有 100 小时以上机长经历，两年以上工作经验，培训时间不少于 20 小时。其中无人机驾驶员和机长的区别是，驾驶员对飞行中飞行器的安全负责，而机长则对整个飞行系统，如飞机、驾驶员、地面站等负责，机长的权利大责任同样大。

目前，常见的无人机分为三种：固定翼、多旋翼、直升机，用于航拍的机器是四轴、六轴、八轴等多旋翼无人机。国内无人机驾照主要有三种：AOPA、ASFC、UTC。无人机考试包括理论和实践两部分，理论考试内容包括无人机的飞行原理、无人机的零部件构成、无人机的分类及主流布局形式、无人机系统特性、空域的飞行与申报、航空气象与飞行环境、民航法规与术语、无人机作业规定和硬性标准、通信链路与任务规划、地面站设置与飞行前准备（机长）、无人机组装、维修、维护和保养等。

（1）AOPA 无人机考试

中国航空器拥有者及驾驶员协会（AOPA-China）是国际航空器拥有者及驾驶员协会（IAOPA）的中国分支机构，是 IAOPA 在中国的唯一合法代表。

1）直升机和多旋翼无人机手动实操包括手动起飞降落、对尾悬停、4 位悬停、慢速自旋、4 边航线、水平 8 字航线等。

A. 起飞：多旋翼或直升机必须从停机坪垂直起飞，悬停高度为 2～5m，悬停时间 2 秒以上。必须从半径 1m 的圆圈中心起飞，垂直上升，直到起落架到达指定高度位置，悬停时间 2 秒以上。

B. 自旋一周（360°旋转一周）：驾驶员及机长等级考试要求匀速缓慢绕机体中轴线旋转一周（旋转方向任意，向左或向右旋转均可），旋转用时应为 6～20 秒，偏移范围为高度方向不超过 1m，水平方向不超过 2.5m。

教员等级考试要求匀速缓慢绕机体中轴线向左和向右各旋转一周，旋转用时应为 6～20 秒，偏移范围为高度方向不超过 0.5m，水平方向不超过 1.5m。

旋转必须以一个固定的速率进行。

C. 水平 8 字：驾驶员及机长等级考试要求正飞水平 8 字。保持机头一直朝前进方向完成飞行动作，见图 5-2。

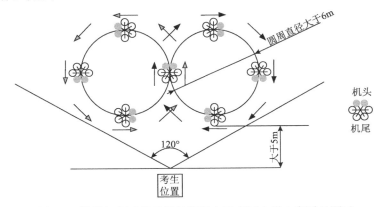

图 5-2　旋翼机驾驶员及机长等级实飞考试水平 8 字科目图示

教员等级考试要求倒飞水平 8 字。保持机尾一直朝前进方向完成飞行动作，见图 5-3。

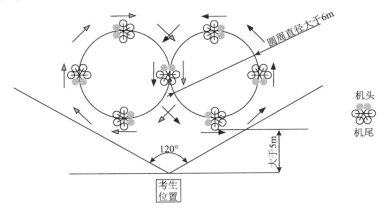

图 5-3　旋翼机教员等级实飞考试倒飞水平 8 字科目图示

从悬停位置直接进入水平 8 字航线，向左或向右切入航线，方向不限。

动作完成后转成对尾悬停准备降落，机头偏差角度不能超过 15°。

要求：两个圆的直径相同(直径大于 6m)，两个圆的结合部位通过身体中线，空域在 120°内，整个动作的高度不变。

D. 降落：旋翼或直升机移动至起降区上空平视高度处悬停 2 秒，垂直降落。着陆时必须平稳并且在停机坪的中心。

在悬停动作中，所有停止必须保持最少 2 秒的间隔(特殊规定除外)。圆形和线形悬停部分必须以常速进行。每一次旋转必须以一个固定的速率进行。

飞行中驾驶员必须大声报告每个动作的名字：起飞悬停、向左自旋一周/向右自旋一周、水平 8 字(倒飞水平 8 字)、降落。

2)固定翼无人机手动实操包括起飞(逆风)、4 边航线、水平 8 字航线、模拟发动机失效、降落(逆风)等，见图 5-4。

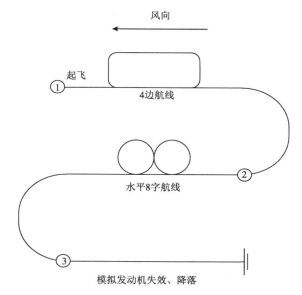

图 5-4　固定翼飞行考试科目示意图

A. 起飞(逆风)：飞机从地面逆风滑跑起飞，以低爬升角爬升到安全高度。

扣分：滑跑爬升时方向改变；滑跑距离过短，离陆不柔和。

B. 4 边航线：要求直线段平行于跑道，整个动作高度不变。

C. 水平 8 字航线：水平直线进入 1/4 水平圆，接水平圆一周，一周后进入后 3/4 圆，水平直线改出。

要求：两个圆的直径相同，两个圆的结合部位通过身体中线，整个动作的高度不变。

D. 模拟发动机失效：按照考官指令将发动机控制在怠速状态，根据当时机体状态和风向合理选择最佳 5 边进近航线返场降落。当飞机对正跑道且高度低于 2m 之后保持高度进入低空通场航线，待飞机飞过身体中轴线后推满油门拉升降舵爬升进行复飞程序。

E. 降落(逆风)：飞机逆风按跑道方向进入着陆航线，转弯要柔和，半径相等。第 5 边转弯后，飞机下滑，逐渐拉平，平稳着陆，着陆后关闭发动机。

扣分：下滑过程中修正粗暴；接地动作粗暴；接地后改变方向；速度控制不合理。

飞行中驾驶员必须大声报告每个动作的名字：起飞、4 边航线、水平 8 字航线、模拟发动机失效、低空通场、降落。

（2）ASFC 无人机考试

中国航空运动协会（Aero Sports Federation of China，ASFC）是具有独立法人资格的全国性群众体育组织，是中华全国体育总会的团体会员，负责管理全国航空体育运动项目，是代表中国参加国际航空联合会及相应国际航联活动，以及组织全国性的体育竞赛的唯一合法组织。

ASFC 主要针对的人群是航模爱好者，成为 ASFC 会员可以参加国际航空联合会举办的赛事，但不可用于商业活动。ASFC 的考核方式是通过理论后，再进行场外实际操作，认证等级分为特级、中级、初级。

（3）UTC 无人机考试

DJI 大疆创新推出"慧飞"无人机行业应用培训中心。慧飞采用国内首个专注于无人机应用技能的 UTC 培训体系，该体系由中国航协通航分会与中国成人教育协会联合推出。慧飞主要关注航拍、植保、巡检、测绘、安防五大应用领域，开设农业植保机、无人机植保技术、无人机巡检技术、无人机航拍技术等培训课程。

5.5　无人机系统

- 什么是无人机系统？
- 无人机系统包含哪些子系统？无人机各子系统分别具有什么功能？

1. 无人机系统的概念

无人机系统（unmanned aerial system，UAS）是无人机及与其配套的通信站、起飞（发射）回收装置及无人机的运输、储存和检测装置等的统称。无人机系统具体包括携带的任务设备、地面控制设备、数据通信设备、维护设备及指挥控制和必要的操作、维护人员等，较大型的无人机还需要专门的发射、回收装置。

无人机的通信站既可以建在地面，也可以设在车、船或其他平台上，通过通信站，不但可以获得无人机所侦察到的信息，而且还可以向无人机发布指令，控制它的飞行，使无人机能够顺利完成任务。无人机的起飞（发射）装置有多种类型，主要的起飞（发射）方式有地面滑跑起飞、沿导轨发射、空中投放等，有些小型无人机由容器式发射装置靠容器内的液压或气压动力发射。无人机的回收方式包括自动着陆、降落伞回收和拦截网回收等。不同类型和不同使用环境下的无人机，可选择不同的系统构成。小型无人机通常采用弹射或火箭发射，而大型无人机则采用起落架或发射车进行发射。

2. 无人机系统组成

无人机系统主要包括飞机机体、飞控系统、数据链系统、发射回收系统、电源系统等。飞控系统又称为飞行管理与控制系统，相当于无人机系统的"心脏"，对无人机的稳定性、数据传输的可靠性、精确度、实时性等都有重要影响，对其飞行性能起决定性的作用；数据链系统可以保证对遥控指令的准确传输，以及无人机接收、发送信息的实时性和可靠性，以保证信息反馈的及时有效性并顺利、准确地完成任务。发射回收系统保证无人机顺利升空以达到安全的高度和速度，并在执行完任务后从天空安全回落到地面。

无人机实现自主飞行、顺利完成指定任务，飞行控制、导航与制导是最关键的技术。无人机自动飞行控制系统的基本任务是当无人机在空中受到干扰时保持飞机姿态与航迹的稳定，以及按地面无线传输指令的要求，改变飞机姿态与航迹，并完成导航计算、遥测数据传送、任务控制与管理等。无人机导航系统的基本任务是控制无人机按照预定的任务航路飞行。实现导航的基本条件是必须能够确定无人机飞行的实时位置和速度等相关参数信息。制导系统的基本任务是确定无人机与目标的相对位置，操纵无人机飞行，在一定的准确度下，引导无人机沿预定的轨迹飞向目标。对于无人机来说，在自动飞行控制系统的基础上，导航、制导和飞控系统之间是相互联系的。

随着无人机性能的不断发展和完善，能够执行复杂任务的无人机系统包括 6 个子系统，见表 5-2。

表 5-2　无人机系统组成

无人机子系统	无人机子系统主要设备
无人飞行器分系统	机体、动力装置、飞行控制与管理设备等
任务设备分系统	战场侦察校射设备、电子对抗设备、通信中继设备、攻击任务设备、电子技术侦察设备、核生化探测设备、战场测量设备、靶标设备等
测控与信息传输分系统	无线电遥控/遥测设备、信息传输设备、中继转发设备等
指挥控制分系统	飞行操纵与管理设备、综合显示设备、地图与飞行航迹显示设备、任务规划设备、记录与回放设备、情报处理与通信设备、其他情报和通信信息接口等
发射与回收分系统	与发射(起飞)和回收(着陆)有关的设备或装置，如发射车、发射箱、助推器、起落架、回收伞、拦阻网等
保障与维修分系统	基层级保障维修设备，基地级保障维修设备等

无人飞行器分系统是执行任务的载体，它携带遥控遥测设备和任务设备，到达目标区域完成要求的任务。测控与信息传输分系统通过上行信道，实现对无人机的遥控；通过下行信道，完成对无人机状态参数的遥测，并传回侦察获取的情报信息。任务设备分系统完成要求的侦察、校射、电子对抗、通信中继、对目标的攻击和靶机等任务。指挥控制分系统完成操作与管理设备、规划任务路径、显示飞行航迹、监视和操纵无人机地面和空中飞行状态等任务。发射与回收分系统完成无人机的发射(起飞)和回收(着陆)任务。保障与维修分系统主要完成系统的日常维护，以及无人机的状态测试和维修等任务。

5.6　无人机构成

- 无人机由哪些硬件和系统构成？这些硬件和系统各具有哪些功能？
- 飞行控制系统如何控制无人机？
- 反无人机的工作原理是什么？

1. 飞行器机架

飞行器机架(flying platform)的大小，取决于桨翼的尺寸及电机(马达)的体积：桨翼越长，马达越大，机架大小便会随之增加。机架一般采用轻物料制造为主，以减轻无人机的负载量(payload)。

2. 飞行控制系统

飞行控制系统(flight control system)简称飞控，主要功能是自动保持飞机的正常飞行姿态。飞控主要由陀螺仪(飞行姿态感知)、加速计、地磁感应、气压传感器(悬停高度粗略控制)、超声波传感器(低空高度精确控制或避障)、光流传感器(悬停水平位置精确确定)、GPS 模块(水平位置高度粗略定位)、控制电路组成。

3. 动力系统

无人机的推动系统(propulsion system)主要由螺旋桨、电机(马达)、电调控制器(electronic speed control)、电池组成。当螺旋桨旋转时，便可以产生反作用力来带动机体飞行。

螺旋桨是指将发动机转动功率转化为推进力或升力的装置，螺旋桨有两个重要的参数，即桨直径和桨螺距，直径单位是英寸，螺距单位是毫米。常用的 8045 桨就是指直径 8in、螺距 45mm 的桨。

电机指将电能转化为机械能的一种转换器，由定子、转子、铁心、磁钢主要部分组成。电机分为有刷电机和无刷电机。无人机的电机主要以无刷电机为主，一头固定在机架力臂的电机座上，一头固定于螺旋桨，通过旋转产生向下的推力。

电调控制器主要作用是将飞控板的控制信号转变为电流的大小，以控制电机的转速。

无人机上的电池一般是高倍率锂聚合物电池，特点是能量密度大、重量轻、耐电流数值较高等。

4. 遥控器

无人机遥控器(remote controller)可以通过远程控制技术操控无人机的飞行动作。遥控器具有一键起飞/降落、一键返航、拍照/录像等功能。遥控器采用增强型 WiFi 技术,可以在 2km 通信距离内实现飞行器的各种操作和设置。

5. 遥控信号接收器

遥控信号接收器主要作用是让飞行器接收由遥控器发出的遥控指令信号。4 轴无人机有 4 条频道来传送信号,以便分别控制前后左右 4 组旋轴和马达。

6. 云台相机

无人机云台相机可以是厂商预设的航拍相机,也可以是自行装配的第三方相机,如 GoPro Hero 4 运动相机或 Canon EOS 5D 系列单眼相机。航拍相机通过云台(gimbal)装配于飞行器之上。云台是安装在无人机上用来挂载相机的机械构件,也是整个航拍系统中最重要的部件,云台性能影响航拍视频画面的稳定性。云台的主要作用是防止拍摄画面抖。航拍云台一般通过传感器感知机身的动作,通过电机驱动让相机保持原来的位置,抵消机身晃动或者震动的影响。

一般无人机云台都能满足相机的三个活动自由度:绕 X、Y、Z 轴旋转,每个轴心内都装有电机,当无人机倾斜时,同样会配合陀螺仪给相应的云台电机加强反方向的动力,防止相机跟着无人机"倾斜",从而避免相机抖动,提升航拍画面质量。

云台的转动速度是衡量云台档次高低的重要指标。云台分为固定云台和电动云台两种。固定云台适用于监视范围不大的情况,在固定云台上安装好摄像机后可调整摄像机的水平和俯仰的角度,达到最好的工作姿态后只要锁定调整机构就可以了。电动云台适合对大范围进行扫描监视,它可以扩大摄像机的监视范围。电动云台高速姿态是由两台执行电动机来实现的,电动机接收来自控制器的信号精确地运行定位。

云台根据其回转的特点可分为只能左右旋转的水平旋转云台和既能左右旋转又能上下旋转的全方位云台。一般来说,水平旋转角度为 0°～350°,垂直旋转角度为+90°。恒速云台的水平旋转速度一般在 3°～10°/s,垂直速度为 4°/s 左右。

7. 无人机图传系统

图传系统是专业级无人机的重要组成部分。无人机图传方式一般有两种:WiFi 模式图传和模拟模式图传。两种方式各有优缺点,WiFi 模式图传不容易被干扰,模拟模式图传比较容易被干扰。

模拟图像传送是指对时间(包括空间)和幅度连续变化的模拟图像信号作信源和信道处理,通过模拟信道传输或通过模拟记录装置实现存储的过程。图像数字传送是指数字化的图像信号经信源编码和信道编码,通过数字信道(电缆、微波、卫星和光纤等)传输,或通过数字存储、记录装置存储的过程。数字信号在传输中的最大特点是可以多次再生恢复而不降低质量,还具有易处理、调度灵活、高质量、高可靠、维护方便等优于模拟传输的其他特点。

通信是在两地之间进行传递和交换信息的过程。通信系统就是传递信息所需的一切技术设备和传输媒质的总和,包括信息源、调制器、信道(传输媒质)、解调器和受信者。通信系统模型见图5-5。

图 5-5 通信系统模型

信息源是发出消息的源,其作用是把各种消息转换成原始电信号,称之为消息信号。信息源的原始消息有各种类型,如语音、图像等模拟消息及数据、文字等数字消息。这些消息一般要经过传感器变为可传送的电信号。

调制器是指通过数字信号处理技术,将低频数字信号(如音频、视频、数据等)调制到高频数字信号中,进行信号传输的一种设备。

信道是指介于发送设备和接收设备之间用来传输信号的各种物理媒质,如电缆、波导、光纤等的有线通道和由自由空间提供的各种频段或波长的电磁波无线通道。信号在传输过程中不可避免地会受到噪声的干扰,媒质的固有特性及引入的干扰与噪声直接关系到通信的质量。噪声源不是人为加入的设备,而是通信系统中各种设备及信道中所固有的。

解调器是指通过数字信号处理技术,将调制在高频数字信号中的低频数字信号进行还原的设备。

受信者是传输信息的归宿点,可以是人或机器设备。其作用是将复原的电信号转换成相应的原始消息,或执行某个动作,或进行显示。

8. 无人机载荷

无人机载荷是指那些装备到无人机上为完成任务的设备,包括执行电子战、侦察和武器运输等任务所需的设备,如信号发射机、传感器、红外热像仪、摄影云台、智能光电变焦仓、水质采样器系统、消防火灾现场有毒有害气体检测仪、二氧化硫气体传感器、臭氧气体传感器、空气质量检测传感器、一氧化碳气体检测传感器、智能红外相机、智能深度摄像机、警音播报器、灭火弹、探冰雷达、数传电台、空中照明系统等。无人机载荷的快速发展极大地扩展了无人机的应用领域,无人机根据其功能和类型的不同,其上装备的任务载荷也不同。

9. 无人机地面站

无人机地面站设备组成一般都是由遥控器、电脑、视频显示器、电源系统、电台等设备组成，简单来说，就是一台电脑(手机、平板)，一个电台，一个遥控，电脑(手机、平板)上装有控制飞机的软件，通过航线规划工具规划飞机飞行的线路，并设定飞行高度、飞行速度、飞行地点、飞行任务等，通过数据口连接的数传电台将任务数据编译传送至飞控中。

10. 无人机飞行眼镜

2017 年，DJI 大疆创新发布首款飞行眼镜——DJI Goggles，可以为佩戴者提供沉浸感的画面，能够以第一视角体验无人机飞行，可以通过遥控或是眼镜的体感操控无人机。内置陀螺仪和加速度等传感器，支持体感控制无人机的航向或云台相机朝向。内置四根天线分别位于机身前方和后方头带内部，提供了 360°全向接收范围。支持两种观看模式：720p 60fps 或 1080p 30fps(延时均为 110ms)，提供触控板、耳机插孔、microSD 卡槽。

飞行眼镜具有体感控制功能。用户在飞行眼镜的快捷菜单中选择体感控制云台或飞行器后，就能通过左右或上下移动头部来操控飞行器或相机云台的转动。用户还可以搭配 DJI Goggles 使用智能飞行功能，与体感模式叠加使用，只需动动头部，就能完成盘旋、滑翔的飞行动作。借助 AR 轨迹辅助线，用户还可以让飞行器大概率躲避行进路线上的障碍物，保障机身安全。

11. 反无人机

反无人机，指通过技术手段和设备，对消费级无人机进行反制。反无人机技术主要分为三类。一是干扰阻断类，主要通过信号干扰、声波干扰等技术来实现。二是直接摧毁类，包括使用激光武器、用无人机反制无人机等。三是监测控制类，主要通过劫持无线电控制等方式实现。

目前，对无人机的控制多使用无线电通信技术，通过向目标无人机发射大功率干扰信号，对控制信号进行压制，就可以迫使无人机自行降落或返航。在正常情况下绝大多数消费级无人机都会首选 GPS 导航来进行飞行控制，而民用 GPS 信号是非加密的。GPS 欺骗的主要原理就是向无人机的控制系统发送虚假的地理位置坐标，从而控制导航系统，诱导无人机飞向错误的地点。无人机使用的控制信号大多在 1.2GHz、2.4GHz、5.8GHz 等常规民用频段，随着 Arduino 和树莓派等开源硬件的快速发展和软件无线电(SDR)技术的流行，可以利用硬件和软件源码模拟遥控器向无人机发送控制信号，并覆盖真正遥控器的信号，从而获得无人机的控制权。

5.7　无人机航拍技术

研创活动

- 航拍如何分类? 不同类型的航拍具有哪些特点?
- 无人机航拍的优势有哪些?
- 航拍需要做哪些准备工作?
- 航拍需要注意哪些安全问题?
- 如何控制航空摄影虚化和航空摄影曝光?
- 如何提升自己的航空摄影技能?

1. 航拍摄影技术

航拍摄影技术以低速无人驾驶飞机为空中遥感平台,用彩色、黑白、红外摄像技术拍摄空中影像数据;并用计算机对图像信息进行加工处理。全系统在设计和最优化组合方面具有突出的特点,是集成了遥感、遥控、遥测技术与计算机技术的新型应用技术。

2. 航拍分类

全色黑白摄影:采用全色黑白感光材料进行的摄影。它对可见光波段(0.4~0.76μm)内的各种色光都能感光,是目前应用广又易收集到的航空遥感资料之一。我国为测制国家基本地形图摄制的航空照片即属此类。

黑白红外摄影:采用黑白红外感光材料进行的摄影。它能对可见光、近红外光(0.4~1.3μm)波段感光,尤其对水体植被反应灵敏,所摄相片具有较高的反差和分辨率。

彩色摄影:彩色相片虽然也是感受可见光波段内的各种色光,但由于它能将物体的自然色彩、明暗度及深浅表现出来,因此与全色黑白相片相比,影像更为清晰,分辨能力高。

3. 无人机航拍的优势

航拍与地面常规拍摄相比,换了个角度去观察事物,用鸟瞰式的角度,能够拍摄到壮观的画面,展现全景画面,带来新的视野及审美感受。遥感无人机航拍在操控上极为方便,易于转场。起飞降落受场地限制较小,在操场、公路或其他较开阔的地面均可起降,其稳定性、安全性好。无人机的作业区域许多是载人飞行器无法到达的空域、高度或危险地区。无人机航拍影像具有高清晰、大比例尺、小面积、高现势性的优点。

4. 航拍准备工作

在航拍前必须要做好充分的准备工作，对拍摄设备要十分熟悉，并确定飞行路线。飞行拍摄的路线要符合航空管制的要求，在拍摄前几个月就要向飞行区域军方的航空管制和民航的空管部门提出申请。在拍摄前要充分勘察拍摄的地形及路线，熟悉拍摄环境，设计航行的路线及拍摄计划，同时要选择几条备用的路线，以应对突发事件。航拍前应该检查螺丝松动、电池电压，降落时检查电机温度、测试每个开关是否正常，并确保周边环境没有干扰，做好紧急降落措施。

5. 航拍安全因素

无人机航拍技术是新兴技术，即使拥有无人机执照，也需要进行大量的严格训练，才能真正熟练掌握航拍技术。航拍技术的安全性，既要确保飞行器的安全，也要兼顾现场人员的安全。

在载重的情况下，无人机航拍设备一旦发生电力系统、控制系统的任何故障，坠落都是常见的结果，"炸机"现象时有发生。一套航拍设备里面任何电线、电子元件发生故障，都能导致坠落，载重执行任务的无人机坠毁意味着更大的破坏力。

航拍设备的起落环境要求：航拍设备作业前，场地内禁止闲杂人员进入，为保障地面人员和航拍器材的安全，需要在较为空旷的场地起落。

拍摄环境要求：为确保航拍安全和图像画质，拍摄现场应空域条件良好，应配备应急平整地带，以备在紧急情况下降落。

航拍安全要求：航拍前后，除工作控制人员以外，升降场地周围应有专人维持秩序，与航拍无关的人员应离起落场地 50m 以外。

安全运输要求：航拍器材使用特制包装运输，某些拍摄环境另需配备辅助搬运工作人员。

定期维护保养：每天作业完毕后，器材需随同飞行人员搬运到入住酒店房间，进行检查、维修、保养，以确保下一个工作日顺利航拍。

恶劣环境不作业：航拍设备为低空飞行器材，如遇到降雨、大风、雷暴、冰雹、浓雾等天气，以及能见度不良时，应暂停或停止航拍。

指挥调度：维持秩序人员须佩带明显标志。航拍时密切注视飞行器、人员动态，服从现场调度的指挥，以保证整个过程的安全。

提前制定转场方案：如需要跟随运动中的被拍摄物体，如车辆，应准备一辆开蓬或者开天窗的汽车供操作人员使用。

6. 航空摄影虚化

航空摄影的虚化超出了人眼的能力范围，引起人们的极大兴趣。虚化本身存在一个品质问题，有干净和污浊的差别。对背景虚化得漂亮，图像显得柔和；虚化得污浊，光线就会向画面四角分散，而且虚化的部分不是呈美丽的圆形，严重的则形成双重虚化状态。理想的镜头，光线会均匀分散，形成非常自然的虚化状态。

镜头对背景的虚化能力还和镜头口径有关系。很多镜头从最大光圈缩小一两挡后图像立刻变得锐利，但虚化能力相对降低。理想的镜头用最大光圈拍的图像也很锐利，而且虚化效果也很好。

7. 航空摄影曝光

航空摄影的高度和速度对画面运动角速度形成了"反制动"，高空悬停、定航曝光是制造紧张气氛和加快节奏时的通常做法，一般在抒情、欣赏景色之美时通常采用低空甚至中空、低速航拍即可。

航拍图像的曝光可以使空中摄影时展现意境特效，很多摄影师把图像的曝光与航拍结合在一起，拍摄出了大量美丽的景色。如何掌握航拍镜头的曝光量是关乎作品效果的关键一步，在对地面某一特定的目标或主题进行跟拍(特别是目标还在运动中)时，一般是用低空、低速、摇镜头的方法拍摄，如有自动控制的锁定功能，就容易进行镜头的推、拉，以突出主题和便于空地镜头的切换。

无人机航拍时镜头一般不应歪斜，在转弯飞行中，通常采用控制摄像头向地面偏转或推镜头的做法，使歪斜的天地线不在画面中出现，如果航拍时的光线较弱，比如说在阴天进行拍摄，则照明光线强，被摄对象反射的亮度越高，越要少曝光，照明光线越弱，被摄对象反射的亮度越低，越要多曝光。太阳光的强度，每日的不同时间都在不断地变化，其中以正中午时的太阳光最强，傍晚和清晨的光线较弱，它们之间的亮度要相差很多倍。

8. 无人机航拍注意事项

1)去掉 UV 镜，可以减少镜头前的干扰，设备本身自带很好的防紫外线功能。

2)优先保证快门速度，航拍清晰照片通常需要保证快门速度达到镜头焦距的 2 倍，拍风光照片时，光圈安排在 f8～f11 即可，尽量提高快门速度。

3)减少一挡曝光，相机不是为航拍设计的，在地面拍摄时，画面通常会有 1/3 的天空；而航拍多是向下俯拍，画面很少纳入天空，这时的测光会比正确曝光过量一挡。

3)预设白平衡微调，紫外线太多，所以拍出来的照片多是偏蓝色，可以提前预设白平衡。

4)确定镜头焦段，俯拍时，民航科技窗户夹层与镜头很难保持在同一个画面上，而选用 100～200mm 焦段的镜头来选拍地面风光，可以拍出品质相对较好的作品。

9. 无人机航拍最佳高度

一般的城市宣传片实际上最多需要的是低空航拍画面，因为低空拍摄的画面冲击力最佳，在楼群里穿梭给人很强的视觉震撼力。一般的无人机航拍高度最多飞到 500m，如果有 500m 以上的无人机航拍需求，就要考虑换别的飞行器了。实际上 60m 的高度画面就是冲击力最佳的效果了，高度太高了就需要用载人直升机，还需要提前一个月进行空管审批。高度太高拍摄的画面则没有穿梭感和冲击力。

10. 无人机航拍艺术

航拍是技术与艺术的统一，一个完美的航拍镜头需要满足以下条件。

第一，要保证画面的稳定性，这是最重要的，画面稳定又包括静止画面稳定和移动画面稳定。当航拍相机到达一定位置时，画面必须稳定，可以视为运动镜头的起落幅，并要保持镜头拍摄达到 10 秒以上，当然这个数值不是绝对的，但对于大多数航拍适用。移动画面稳定，即运动镜头的运动过程均匀稳定，推、拉、摇、移、跟都需要均匀的运动过程。

第二，无人机航拍画面具有美感。构图、光线等影响画面美感。一天当中的最佳拍摄时间为早十点之前和下午三点以后，这时候的光线柔和，色温偏暖，拍摄出的效果如同后期经过严密调色一样。充分利用光影，可以增强画面立体感。

航拍镜头表现和优越性体现在以下方面。

第一，航拍前景可以和拍摄主体起到对照的作用，前景景别越大，那么前景和主体运动的差别就越大，更能突出主体的运动。前景起到前奏的作用，欲扬先抑，突出主体。

第二，航拍镜头可以表现宏伟、壮观的场面场景，如城市全貌、建筑物等。

第三，航拍镜头能够以非常规视角达到人类视线到达不了的视角，如高处、峡谷、无人区、洞穴等。

第四，航拍镜头具有不受限制的运动轨迹。摇臂都无法比拟的拍摄轨迹，这就给画面带来了优越的创造性，它能拔地而起，从一朵花在短时间内拉到城市全貌。能像雄鹰一样盘旋俯冲，带给人们第一视觉感受，能贴地低空飞行，能跟拍追逐打斗场面，不受限制的运动空间给了人们无限的创作灵感。

5.8　飞行教育机器人产品

研创活动

• 查阅常见的飞行教育机器人产品，并分析其功能和特点。

目前，具有代表性的飞行教育机器人产品有能力风暴虹湾(Iris)飞行系列和氩(Argon)飞行积木系列。能力风暴首创了面向青少年，能够自主编程、自由拼装的飞行类无人机。飞行教育机器人既可以帮助学习者学习飞行器飞行原理和技术，也可以开展编程教育培养学习者的编程思维，提升学习者的科技素养。

1. 能力风暴虹湾飞行系列

2016 年 9 月，能力风暴推出了全球首款青少年飞行机器人虹湾飞行系列（虹湾 1 号、虹湾 2 号、虹湾 3 号、虹湾 4 号）。虹湾着重提升少年儿童空间智能和自然探索智能等多元智能能力，有助于增强探索世界、探索自然的欲望和想象力，提升科技素养。

虹湾飞行系列拥有全球首创的全封闭防护技术，使电机和螺旋桨完全包裹在飞行器机体内部，而螺旋桨的上面和下面也有防护网保护，使小朋友的手绝不可能碰到高速旋转的螺旋桨，杜绝安全隐患。能力风暴拥有全球首创的跌落无损技术，全封闭、柔韧、高效吸收撞击能量，能有效保护虹湾安全，同时也能有效避免由于撞击地面而可能对人和物体造成的伤害。虹湾飞行系列具有自我保护功能，可在低电压、丢信号情况下自动降落，并在电压接近极限值时自动关机，能有效保护机器安全。

虹湾飞行系列支持立体编程，利用编程软件，可在 3D 空间立体编程，更大程度锻炼孩子编程能力。虹湾具有适用于 14～18 岁目标人群的四重编程 APP 体系：第一层知道 APP（认识 Iris）；第二层初级编程 APP（项目编程 APP、技能创作者 APP、技能播放 APP）；第三层中级编程 APP（流程图 APP、条形图编程 APP）；第四层高级编程 APP（C 语言编程、Java 编程）。

虹湾飞行系列拥有超声波、红外线、光流、磁力计、加速度、陀螺仪、GPS、声音、电压、电流、触摸屏、摄像头等传感器。

2. 能力风暴氩飞行积木系列

2017 年 3 月，在中国家电及消费电子博览会上，能力风暴推出了氩飞行积木系列产品（氩 1 号、氩 2 号、氩 3 号、氩 4 号、氩 5 号、氩 6 号、氩 7 号、氩 8 号）。能力风暴教育机器人氩飞行积木系列既可进行多种创意搭建，又可实现自由飞行。热爱机器人的青少年能够实现可搭建的飞行梦想。氩着重提升空间智能、数学逻辑智能和自然探索智能等多元智能能力，能够增加孩子不断创新和探索的欲望，提升科技素养。

氩飞行积木具有丰富的传感器，集成了陀螺仪、气压计、桨保安装感应器、摄像头等功能，同时配有独创软胶螺旋桨设计及防护网，可以有效保护青少年和螺旋桨安全，再加上其配备四重编程 APP，具有语音识别能力及图像识别能力。氩飞行积木系列产品是一款不仅能够满足青少年飞行的愿望，更能够将编程教学融为一体的飞行积木类无人机。

氩飞行积木具有适用 3～18 岁目标人群的四重编程 APP 体系：第一层知道 APP（认识 Argon）；第二层初级编程 APP（项目编程 APP、技能创作者 APP、技能播放 APP）；第三层中级编程 APP（流程图 APP、条形图编程 APP）；第四层高级编程 APP（C 语言编程、Java 编程）。

拓 展 资 料

百度网.无人机系统[EB/OL]. (2018-04-08) [2018-08-15]. https://baike.baidu.com/item/无人机系统.

慧飞无人机应用技术培训中心(UTC)[EB/OL]. [2018-03-23]. https://www.uastc.com.

冷桂玉, 蒲文思, 瞿宏伦. 中国山区里的无人机"邮递员"[EB/OL]. (2018-03-23) [2018-08-15]. http://news.sina.com.cn/o/2018-03-23/doc-ifyspqcn4053982.shtml.

全球首款青少年飞行机器人能力风暴虹湾[EB/OL]. [2016-09-08]. http://dh.yesky.com/93/104845093.shtml.

全球无人机网[EB/OL]. [2018-03-23]. http://www.81uav.cn.

深圳市慧飞教育有限公司. 慧飞无人机应用技术培训中心(UTC)[EB/OL]. (2018-03-23) [2018-08-15]. https://www.uastc.com.

世界上最小的飞行机器人诞生 重量还不到1克[EB/OL]. [2013-05-07]. http://digi.tech.qq.com/a/20130507/000011.htm.

谭建豪, 王耀南, 王媛媛, 等.2015.旋翼飞行机器人研究进展[J]. 控制理论与应用, 32 (10): 1278-1286.

腾讯网. 世界上最小的飞行机器人诞生 重量不到1克[EB/OL]. (2013-05-07) [2018-08-15]. http://digi. tech. qq.com/a/20130507/000011.htm.

天极网. 全球首款青少年飞行机器人能力风暴虹湾[EB/OL]. (2016-09-08) [2018-08-15]. http://dh.yesky.com/93/104845093.shtml.

魏瑞轩, 李学仁. 2014.先进无人机系统与作战运用[M].北京: 国防工业出版社, 9.

无人机网[EB/OL]. (2018-03-23) [2018-08-15].http://www.youuav.com.

无人机系统[EB/OL]. [2018-04-08]. https://baike.baidu.com/item/无人机系统.

无人机之家[EB/OL]. [2018-03-23]. http://www.wrjzj.com.

武汉无人机之家信息技术有限公司. 无人机之家[EB/OL]. (2018-03-23) [2018-08-15].http://www.wrjzj.com.

叶伟伦.2017.地方电视台航拍技巧的应用[J].西部广播电视, (04):171.

湛江中龙网络科技有限公司. 全球无人机网[EB/OL]. (2018-03-23) [2018-08-15]. http://www.81uav.cn.

湛江中龙网络科技有限公司. 无人机电脑模拟器的安装与调试[EB/OL]. (2016-05-31) [2018-08-15]. http://www.81uav.cn/tech/201605/31/1_1.html.

张乐. 为了安全与隐私 反无人机产业正悄然兴起[EB/OL]. (2017-01-03) [2018-08-15]. http://news.carnoc.com/list/385/385743.html.

中国航空器拥有者及驾驶员协会(AOPA)[EB/OL]. (2018-03-23) [2018-08-15].http://www.aopa.org.cn/.

中国航空运动协会(ASFC)[EB/OL]. (2018-03-23) [2018-08-15]. http://www.asfc.org.cn.

中国民用航空局飞行标准司. 民用无人机驾驶员管理规定[Z]. (2016-07-11) [2018-08-15]. http://www.caac.gov.cn/XXGK/XXGK/GFXWJ/201705/t20170527_44315.html.

Aerial Informatics and Robotics Platform [EB/OL]. (2018-08-01) [2018-08-15]. http://www.microsoft.com/en-us/research/project/aerial-informatics-robotics-platform.

Flight of the tiny robo-fly: World's smallest drone weighs less than a gram and navigates using light-sensitive "eyes" [EB/OL]. (2014-06-18) [2018-08-15].http://www.dailymail.co.uk/sciencetech/article-2660255/Worlds-smallest-drone-Robo-fly-weighs-gram.html.

RealFlight[EB/OL]. (2018-03-23) [2018-08-15]. https://www.realflight.com.

第 6 章

早教机器人

学习目标

1. 掌握早教机器人的内涵。
2. 理解早教机器人的属性。
3. 能够分析早教机器人市场。
4. 能够分析早教机器人用户需求。
5. 掌握早教机器人的主要功能。
6. 能够设计开发早教机器人。
7. 能够分析早教机器人发展的困境。
8. 预测早教机器人发展的趋势。

知 识 点

早教机器人、早教机器人属性、早教机器人设计开发流程、PCB 设计、PCB 布局规则、PCB 布局技巧。

技 能 点

掌握早教机器人内涵，深度分析早教机器人市场，学会调研早教机器人用户需求，深度分析早教机器人产品，掌握早教机器人设计开发流程，学会早教机器人 PCB 设计，掌握早教机器人 PCB 布局规则，掌握早教机器人 PCB 布局技巧，预测早教机器人发展趋势。

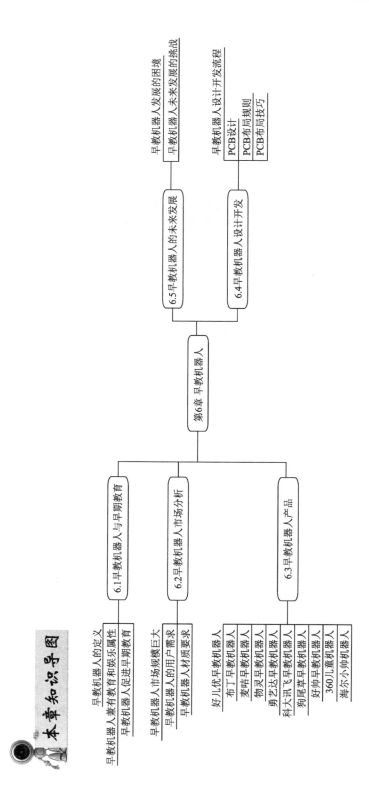

思考题

1. 早教机器人对促进早期教育具有哪些作用？
2. 目前早教机器人市场现状如何？
3. 早教机器人的用户需求有哪些？市场上常见的早教机器人是否能够满足幼儿教师、家长和孩子的个性化需求？
4. 市场上常见的早教机器人产品有哪些？各具有什么功能和特点？
5. 评价早教机器人产品的性能指标有哪些？
6. 如何设计开发一款早教机器人产品？
7. 早教机器人发展的困境有哪些？
8. 早教机器人的未来发展趋势如何？

6.1　早教机器人与早期教育

研创活动

• 查阅早教机器人资料，谈谈什么是早教机器人？
• 早教机器人为什么具有教育属性和娱乐属性？
• 早期教育具有什么特点？
• 早教机器人对于促进早期教育具有哪些作用？

1. 早教机器人的定义

早教机器人又称为幼教机器人、儿童教育陪护机器人等，是专门为学龄前儿童设计开发，具有情感交流、知识学习、成长记录、习惯养成、安全保护、智力开发等教育功能的智能产品。早教机器人是专门优化儿童早教、促进孩子学习兴趣的教育类电子产品，可以全方位训练儿童学习能力。

早教机器人基本都是对儿童进行场景式的陪伴，辅以早教、编程、阅读、看护等内容，同时以其呆萌的外观、多样化的功能获得了孩子和家长的喜爱与认可，在一定程度上弥补了父母不能陪伴、教育孩子的遗憾。

2. 早教机器人兼有教育和娱乐属性

早教机器人兼有教育性和娱乐属性的特点。早教机器人最重要的属性还是教育，所以在设计之初就要有好的教育定位，增强教育属性成为诸多教育机器人重点研发方向。

早教机器人的定位应是一个集时尚和体验于一体的革命性科技产品。早教机器人设计与研发，需要满足儿童的审美观和体验感。

3. 早教机器人促进早期教育

早期教育对于幼儿的身心成长至关重要。从生理学的角度来看，人的大脑细胞有70%～80%是在3岁以前形成的，智力水平也有一半是4岁前形成。美国心理学家布鲁姆多年来对一千多人进行长期跟踪研究的结果表明，若17岁的人智力发展水平为一百，那么4岁儿童的智力发展水平为五十，8岁儿童的智力发展水平为八十，剩下的二十是从8～17岁的9年时间里获得。这就是说，人在最初四年智力的发展等于以后十三年的总和。因此早期教育对儿童智力、潜力、性格等各方面发展起着重大的决定性作用，早期教育至关重要。

早教机器人设有人机互动，可以帮助孩子培养学习兴趣，开发潜能。具体来说，早教机器人对于早期教育具有以下功能。

（1）语言学习

早教机器人对促进儿童学习语言具有重要的作用。儿童具有很强的语言模仿能力，而且从学习科学视角看儿童的大脑具有很强的可塑性。早教机器人作为儿童玩伴，有利于促进儿童模仿学习语言，增强语感和故事感。早教机器人具备语音识别能力，可以与孩子进行一些简单的交流及英语口语的训练。

（2）听力训练

早教机器人给孩子提供海量音频或者视频，与孩子听觉视觉产生互动，吸引孩子注意力，潜移默化地影响孩子的听力训练。

（3）培养动手能力

儿童与机器人产生互动，部分机器具备增强现实（augmented reality，AR）功能，可以增强孩子绘画的真实性。

（4）开发潜能

早教机器人通过亲子互动、动漫形象、趣味学习等，提升儿童的注意力、思维能力等。

早教机器人作为一种融合很多学科知识的技术，几乎是伴随着人工智能所产生的。早教机器人在当今社会变得越来越重要,孩子的早期教育越来越多地依靠智能化机器人。现今孩子的早教越来越受到社会的重视，所以在不久的将来，随着智能早教机器人技术的不断发展和成熟，随着众多科研人员的不懈努力，早教机器人必将走进千家万户，更好地服务于人们的生活，使人们的生活更加舒适和健康。

6.2　早教机器人市场分析

• 查阅早教机器人市场资料，用数据分析早教机器人市场现状。

- 如何调研早教机器人的用户需求？
- 早教机器人材质有哪些特殊要求？

1. 早教机器人市场规模巨大

2011 年，我国 0～14 岁人口为 22 164 万人，2012 年和 2013 年缓慢增长，增长率为 0.1%～0.5%，总人口占比也从 2005 年的 20.27%下降到 2013 年的 16.41%。然而，在 2013 年 12 月中国实施"二孩政策"后，新生婴儿数量加速增长，2014 年 0～14 岁人口开始加速增长，增长率达到 1%，占总人口的 16.49%。中国新生婴儿数量开启了高速增长模式，为早教行业的发展提供了坚实的基础。

新一代父母受教育程度高，教育观念更加科学，愿意为孩子提供优质的教育，尤其是 "80 后""90 后"父母，作为享受了改革开放红利的两代人，其收入和财富的储备显然都相较于前几代人有明显的提升，很重视孩子的早期教育。

近年来，中国家庭越来越重视儿童的教育，也越来越愿意对孩子进行早教，但是中国家庭使用分龄早教的比例仍旧很低，甚至不到 1%，而在日本，使用分龄早教的家庭达到 90%，韩国也达到了 80%；而且相比于日本每年近 9000 元人民币的早教花费，中国每年平均 3000 元的花费不算很高。因此，中国早教市场仍处于发展期，还有很广阔的提升空间。预计 2020 年中国幼教市场规模将达 3000 亿元，早教机器人未来的发展前景十分广阔。

2. 早教机器人的用户需求

家长对早教机器人具有以下功能需求。

1) 早教功能：家长对儿童教育比较看重，所以早教机器人有丰富的早教资源，以及一些专业的英语教学。

2) 训练语言能力：早教机器人具有智能语音对话功能，培养孩子的语言能力。

3) 安防监控功能：父母不在家的时候担心孩子的情况，父母打开 APP，通过机器人装备的摄像头查看儿童在家的实时情景。

4) 防沉迷：随着手机等电子产品的普及，家长担心孩子沉迷电子产品，部分早教机器人具备防沉迷功能，父母控制机器人的使用时间，以此来限制孩子的使用时长。

3. 早教机器人材质要求

由于早教机器人面向儿童，在材质方面应该满足以下要求。

1) 早教机器人面对的用户群体是儿童，儿童天生有咬物品的习惯，为了保障儿童使用安全，一部分产品标注了"食用级"ABS 材料，这是家长比较放心的地方。

2) 儿童除了喜欢咬东西，还有摔东西习惯，外壳材料除了安全保障，还要具备抗摔性。目前机器人外壳主要采用的是 ABS 材料，ABS 具有优良的力学性能，抗冲击强度较好。

6.3　早教机器人产品

- 查阅常见的早教机器人产品资料，分析其外观设计特点。
- 查阅常见的早教机器人产品资料，分析其功能和特点。
- 研制早教机器人性能评价指标，并运用评价指标评价早教机器人产品。

1. 好儿优早教机器人

2013年12月，上海元趣信息技术有限公司成立，致力于研发好儿优(How Are You)早教机器人，在人工智能、深度学习、多模态交互、主动对话等方面具有优势。好儿优早教机器人对儿童的语音识别准确度高达90%以上；拥有深度的自我学习功能，每1～2周自我成长一次，揣摩用户的习惯，陪伴孩子一起成长；支持触屏操纵和全程语音操纵，拥有人脸识别技术、声纹识别技术，丰富了交互方式，获得智能交互体验；设定聊天主题，支持主动聊天。

2015年11月，好儿优早教机器人正式投入量产，目前研发了3个产品：小8机器人、小白机器人M1、小白智能机器人V8，见表6-1。

表 6-1　好儿优早教机器人产品比较分析

产品型号	小 8 机器人	小白机器人 M1	小白智能机器人 V8
适用年龄	0～12 岁	0～12 岁	0～12 岁
主要功能	对话畅聊、英语同步教材、脱网使用、萌宠饲养、习惯养成、安全看护、伙伴式学习、视频通话、百科问答、成长记录	对话畅聊、英语同步、音视频通话、人脸识别、习惯养成、护眼模式、伙伴式学习、声纹识别、百科问答、成长记录	对话畅聊、英语同步、音视频通话、人脸识别、习惯养成、高清 800P、立体双音响、声纹识别、7in 超大屏、英语畅聊
屏幕	×	×	7in 高清屏幕，800*1280
尺寸	78mm×78mm×118 mm	170mm×170mm×250mm	200mm×220mm×270 mm
重量	190g	1670g	1300g
摄像头	500 万像素	500 万像素	500 万像素
存储大小	8G/16G	16G/32G	16G
系统	家长 APP，支持 IOS7.0 以上/Android3.0 以上	家长 APP，支持 IOS7.0 以上/Android3.0 以上	家长 APP，支持 IOS7.0 以上/Android3.0 以上
操作方式	智能语音交互、触摸交互	智能语音交互、触摸交互	智能语音交互、触摸交互
待机时间	纯待机 7 天，平均使用 3 天一充	纯待机 7 天，平均使用 3 天一充	电池容量 4000mA，纯待机 96 小时左右

续表

产品型号	小 8 机器人	小白机器人 M1	小白智能机器人 V8
早教内容	数学、英语、国学、百科、音乐、故事	数学、英语、国学、百科、音乐、故事	数学、英语、国学、百科、儿歌、故事
国家认证	国家 3C 认证、外观专利认证	国家 3C 认证、外观专利认证	国家 3C 认证、外观专利认证

小 8 机器人、小白机器人 M1、小白智能机器人 V8 外观设计见图 6-1。

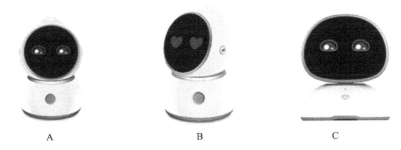

A　　　　　　　　　　　B　　　　　　　　　　　C

图 6-1　好儿优早教机器人外观设计

A. 小 8 机器人；B. 小白机器人 M1；C.小白智能机器人 V8

2. 布丁早教机器人

2014 年 11 月，北京智能管家科技有限公司成立，2016 年 3 月正式发布 S 智能机器人。2017 年 1 月，发布布丁(Roobo)豆豆儿童双语启蒙机器人，并荣获 IDG "年度全球儿童智能机器人金奖"。2017 年 4 月，布丁豆豆儿童智能机器人获得工业产品设计国际奖项红点最佳设计奖(Reddot award 2017 best of the best)。

布丁早教机器人产品比较分析见表 6-2。

表 6-2　布丁早教机器人产品比较分析

产品型号	布丁 S 智能机器人	布丁豆豆智能机器人
主要功能	智能对话、儿童教育、英语翻译、互动故事、百科问答、远程视频、宝宝动态、习惯培养、成长计划、看家报警	英语教学、AI 互动、绘本识别、真人诵读、小学同步、学习辅助、视频通话、智能抓拍
尺寸	93mm×100mm	236mm×163mm×321mm
重量	0.29kg	1.5kg
感应器	重力加速度传感器、触摸传感器、霍尔磁场传感器	多部位触摸感应器
摄像头	高清安防级摄像头，360°水平全视角，720P	720P 高清摄像头
声音	扬声器，双麦克风	3m 拾音
显示	LED 护眼点阵屏	定制防蓝光护眼钢化屏幕贴，安全护眼防碎屏
网络连接	WiFi，2.4GHz	WiFi
电机云台	360°旋转云台	定制静音电机，300°灵活旋转

续表

产品型号	布丁 S 智能机器人	布丁豆豆智能机器人
电池	锂电池 1940mAh	双节 3.7V/2600mAh 高效锂电池，6 小时无线续航
其他特点	LED 曲面点阵光源，均匀柔光不刺眼，保护孩子视力。眼萌磁力贴，吸附即休眠，同时物理遮挡摄像头，简单操作保障隐私安全	双插电充电方式(插充+充电板)

布丁早教机器人外观设计圆润呆萌，见图 6-2。当孩子触摸或者抱起它，布丁豆豆会像人类一样用丰富的表情和孩子进行互动。

A　　　　　　　　　　　　B

图 6-2　布丁早教机器人外观设计
A. 布丁 S 智能机器人；B. 布丁豆豆智能机器人

3. 麦咭智能机器人

2017 年 3 月，金鹰卡通卫视最新推出麦咭智能机器人，外形设计见图 6-3。它搭载了讯飞淘云的类人脑 TYOS 系统，集微聊互动、电视互动、中英互译、同步教材、丰富资源、娱乐点播、信息查询、云端百科和好习惯培养于一体，通过 WiFi 互联，可以与手机端进行实时语音微聊，并能帮助家长从小培养孩子良好生活学习习惯，实现与金鹰卡通卫视所播出的节目进行实时互动。麦咭智能机器人配置参数如下：尺寸 136mm×136mm×214mm，重量 1100g，内存 32MB，麦克风 DSP 音效增强，锂电池 2200mAh，APP 支持 IOS7.1 以上/Android4.4 以上。

图 6-3　麦咭智能机器人外观设计

4. 物灵早教机器人

2016 年 9 月，北京物灵智能科技有限公司成立，面向下一个 AI 智联网时代，致力于研发面向消费者市场及家庭场景的人工智能产品。物灵卢卡(Luka)绘本阅读机器人外观设计见图 6-4，主要功能有绘本智能识别、翻到哪页讲哪页、播音级人声讲读、英文绘本轻松读、智能语音对话、APP 辅助阅读养成、主动阅读引导、音频自由点播、趣味互动游戏、巧传父母心意等。卢卡绘本阅读机器人配置参数：重量 453g，光传感器，APP、语音和 WiFi 控制方式，支持人机交互、语音识别、图像识别。

图 6-4　物灵卢卡绘本阅读机器人外观设计

5. 勇艺达早教机器人

2013 年，勇艺达机器人公司成立，是国内首批从事家庭及商用型智能服务机器人研发的国家高新技术企业。目前，勇艺达机器人公司已经发布了 5 款早教机器人，见表 6-3。

表 6-3　勇艺达早教机器人产品比较分析

产品型号	小小勇	乐乐勇	团团勇	萌萌勇	圆圆勇
主要功能	识字、拼音、英语、算数、诗歌、百科全书、成语故事、国学知识	自然知识、习惯养成、儿歌天地、语言启蒙、快乐国学、视觉空间、故事小屋、数理逻辑	宝贝故事、经典国学、中华古诗词、儿歌小天才	语言交互、娱乐教育、微聊互动、中英翻译	科普、故事、演讲、英语、戏曲、小品、电台、公开课
屏幕	LCD 点阵显示屏	5in，　720*1280	液晶屏(128*64 点阵)带 5 彩背光	液晶屏(128*64 点阵)带 5 彩背光2.4 寸	液晶屏(128*64 点阵)带 5 彩背光2.4 寸
传感器	触摸感应	电容触摸感应	×	×	×
尺寸	131mm×101mm×191 mm	175mm×163mm×300mm	158mm×106mm×188mm	123mm×120mm×212mm	123mm×120mm×212mm
重量	0.41kg	4.27kg	0.65kg	0.55kg	0.55kg
锂电池	1400mAh	6600mAh	2600mAh	1600mAh	1600mAh
CPU	16 位语音 IC 主控	4 核 A53 架构	Ap8064(MCU)	Ap8064	Ap8064
内存/存储	8MB/8GB	1GB/16GB	8GB TF 卡	NOR flash 16Mbit	8GB TF 卡(兼容16GB)
操作系统	×	安卓 6.0	YYD OS	YYD OS	×

续表

产品型号	小小勇		乐乐勇	团团勇	萌萌勇		圆圆勇
Wifi	×		支持	支持	支持 2.4G W500	×	
蓝牙	×		支持	×	×	×	
摄像头	×		500 万像素	×	×	×	
接口	×		HDMI、Micro USB	×	×	×	

勇艺达早教机器人外观设计见图 6-5。

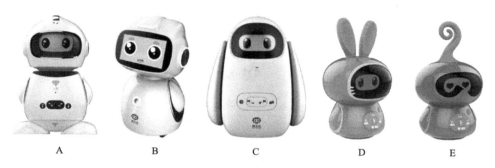

图 6-5　勇艺达早教机器人外观设计
A. 小小勇机器人；B. 乐乐勇机器人；C. 团团勇机器人；D. 萌萌勇机器人；E. 圆圆勇机器人

6. 科大讯飞早教机器人

科大讯飞在语音合成技术、手写识别技术、自然语言处理技术、独特童声识别、语音识别技术、语音测评技术、声纹识别技术、深度自我学习能力等技术领域具有优势，能够为研发早教机器人提供技术支持。

科大讯飞旗下合肥淘云科技有限公司研发了阿尔法小蛋、阿尔法大蛋、阿尔法蛋·超能蛋、金龟子智能机器人，如表 6-4。

表 6-4　科大讯飞早教机器人产品比较分析

产品型号	阿尔法小蛋 TYS1	阿尔法大蛋 TYR100	阿尔法蛋·超能蛋 TYMY1	金龟子智能机器人 TYMJ1
适用年龄	0～12 岁	0～12 岁	0～12 岁	0～12 岁
主要功能	智能语音、海量资源、中英互译、同步教材、国学私塾、百科问答、萌宝说说、亲情互聊	教材跟读与背诵、学科游戏、知识小课堂、中英互译、人机闲聊、海量云端资源、音乐热选、影视直播、儿童模式、防近视、高清影像输出、视频通话、语音拍照、事项提醒	同步教材、趣味学习、成长计划、陪伴功能、AI 学习助手、日程提醒、信息查询、喜马拉雅海量资源	语音识别、语义理解、云端学习资源、云端音乐库、微聊对讲、中英互译、百科问答、信息查询、个性提醒、网络电台
尺寸	136mm×136mm×175 mm	250mm×250mm×320 mm	95mm×95mm×120 mm	120mm×120mm×150 mm
锂电池	2200 mAh	电源供电	2200 mAh	2200 mAh
重量	0.46kg	2.8kg	0.24kg	0.24kg

续表

产品型号	阿尔法小蛋 TYS1	阿尔法大蛋 TYR100	阿尔法蛋·超能蛋 TYMY1	金龟子智能机器人 TYMJ1
CPU	×	四核 CPU	XTENSA 32-BIT LX6 双核	×
内存/存储	×	2GB/8GB	32GB 及以下 TF 卡	×
软件系统	×	安卓 6.0	×	×
WIFI	×	WiFi 802.11 b/g/n	2.4GHz	支持，手机 APP 联网
屏幕	×	支持多点触控的高清 LCD	×	×
摄像头	×	500 万像素	×	×
接口	×	支持高清输出，支持 USB HOST	×	×

　　阿尔法小蛋、阿尔法大蛋、阿尔法蛋·超能蛋、金龟子智能机器人外观设计，见图 6-6。

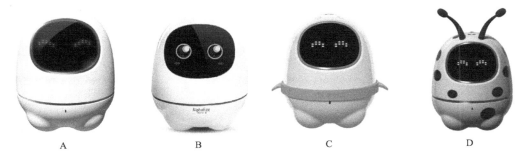

图 6-6　科大讯飞早教机器人外观设计
A. 阿尔法小蛋；B. 阿尔法大蛋；C. 阿尔法蛋·超能蛋；D. 金龟子智能机器人

7. 狗尾草早教机器人

　　2013 年，深圳狗尾草智能科技有限公司成立，专注于人工智能技术研究。狗尾草科技研发了公子小白、公子小白成长版、公子小白成长版Ⅱ、公子小白青春版等智能早教机器人，见表 6-5。

表 6-5　狗尾草早教机器人产品比较分析

产品型号	公子小白	公子小白成长版	公子小白成长版Ⅱ	公子小白青春版
适用年龄	0～12 岁	0～12 岁	0～12 岁	0～12 岁
主要功能	家电智控、远程监控、闹钟、日历提醒、声音系统、拍照	四大成长技能，21 项技能。陪伴娱乐、辅助学习、生活助手、记忆调教	防摔耐磨、高保真双喇叭、无须 APP、AI 对话有情商、英语学习、同步课程教材、家庭群微聊、定时提醒	12 大技能：音乐播放、新闻播报、星座达人、起床闹钟、日历提醒、天气预报、情侣互动、邂逅交友、宠物养成、故事大王、明星百科、成语接龙

续表

产品型号	公子小白	公子小白成长版	公子小白成长版Ⅱ	公子小白青春版
头部旋转	左右各 60°	×	×	×
遥控	红外遥控，覆盖 360°	×	×	×
摄像头	500 万像素	×	×	×
WIFI	802.11 b/g/n	802.11 b/g/n，蓝牙连接	仅支持 2.4GHz 频段	802.11 b/g/n，仅支持 2.4GHz 频段
内存/存储	1GB DDR3，固态硬盘 8GB 容量	512MB DDR3，4GB 容量	TF 卡槽，支持 8G 及以下容量	512MB DDR3，4GB 容量
软件系统	Android 4.0 及以上，iOS 8 及以上	Android 4.0 及以上，iOS 8 及以上	Android 4.0 及以上，iOS 8 及以上	Linux 中文系统
处理器	×	ARM A7	×	ARM A7
屏幕	4in IPS 屏幕	TN 显示屏 1.77in	1.77in	TN 显示屏 1.77in，1280*160
技术支持	×	×	AI 技术支持 GAVE 技术	×
锂电池	15600 mAh	3500 mAh	2200 mAh	3500 mAh
尺寸	176mm×259mm	86mm×118mm	115mm×163mm	80mm×115mm
重量	2.5kg	0.33 kg	0.68 kg	0.33 kg
接口	×	Micro USB 接口（兼充电口）	×	Micro USB 接口（兼充电口）

公子小白、公子小白成长版、公子小白成长版Ⅱ、公子小白青春版等智能早教机器人外观设计，见图 6-7。

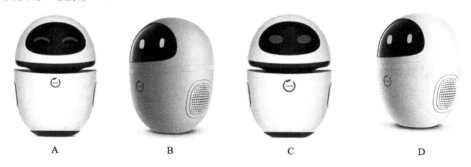

A　　　　　　B　　　　　　C　　　　　　D

图 6-7　狗尾草早教机器人外观设计

A. 公子小白；B. 公子小白成长版；C. 公子小白成长版Ⅱ；D. 公子小白青春版

8. 好帅早教机器人

合肥荣事达小家电有限公司生产了 5 款 HOST 好帅系列早教机器人，见表 6-6。HOST 好帅智能机器人系统是具有可学习性的高智能系统。HOST 好帅机器人搭载超脑的类人神经网络的认知引擎，运用深度学习（deep learning）神经网络算法，利用云计算、大数据和涟漪效应，通过多层次计算模型完成数据收集、整理和分析。

表 6-6　好帅早教机器人产品比较分析

产品型号	HOST 好帅小蛋 Q3	HOST 好帅 A3	HOST 好帅二蛋 Q6	HOST 好帅小帅 A8	HOST 好帅小宝 Q7
适用年龄	3～6 岁	6～12 岁	0～12 岁	6～12 岁	0～14 岁
主要功能	智能语音、海量资源、中英互译、同步教材、国学私塾、百科问答、萌宝说说、亲情互动	实时翻译、多表情变化、同步教材、云端资源、智能劝导、明辨是非、微聊功能、故事点播	语音识别、语义理解、自由闲聊、云端学习资源、云端音乐库、微聊对讲、中英互译、百科问答、信息查询、个性提醒、网络电台	情景英语教学、英文翻译助手、自然语义交流、丰富教育资源、百科知识问答、宝宝动态记录、远程视频通话、成长计划体系	云端资源、英语学习、有声读物、中英互译、新闻播报、生活查询、闲聊互动
摄像头	×	×	×	500 万像素	×
WIFI	支持	支持	支持	支持	支持
软件系统	×	安卓系统	安卓系统、IOS	安卓系统	安卓系统、IOS
屏幕	×	×	×	二点触摸屏，5in，720*1080	LED 点阵灯光显示屏
锂电池	2200 mAh	×	2200 mAh	6600 mAh	4800 mAh
尺寸	127mm×127mm×155mm	215mm×275mm×170mm	126mm×126mm×175mm	175mm×162mm×295mm	140mm×140mm×170mm
重量	0.62kg	0.9kg	0.6 kg	4.06kg	0.6kg
转向	×	×	×	重力感应，360°方向轮胎	×

　　HOST 好帅系列智能早教机器人外观设计，见图 6-8。好帅小蛋设计简约，操作简单，具有个性化的情绪表现。好帅二蛋具有宇航员的外形，脖子处红绿蓝三色灯带，支持语音和头部双重唤醒，可以实现拟人化情感互动，操纵方便，强化用户体验感。好帅小宝头部呈水滴流线型，配合云表情，人性化造型。好帅小帅拥有圆乎乎的小脑袋，圆润的外形，萌动的设计。

图 6-8　HOST 好帅早教机器人外观设计
A. HOST 好帅小蛋 Q3；B. HOST 好帅 A3；C. HOST 好帅二蛋 Q6；D. HOST 好帅小帅 A8；E. HOST 好帅小宝 Q7

9. 360 儿童机器人

　　2016 年 7 月 20 日，奇虎 360 在推出多款儿童智能手表后，开始尝试儿童机器人，推出呆萌圆润的 360 儿童机器人，为孩子定制了海量的儿童早教资源，涵盖了英语、识字、数学、绘本等内容。此外，360 儿童机器人还将 AR 技术与儿童早教进行结合，搭载着 AR 配件，孩子可与机器人在互动中学习英语和绘画。

360 儿童机器人头部支持 35°手动调节，支持智能人脸唤醒，顺畅地主动交流，通过 AR 互动带给儿童学习新体验，拥有智能交互界面和儿童机器人操作系统(360 OS for Robot)。360 儿童机器人产品参数见表 6-7。

表 6-7　360 儿童机器人产品参数

适用年龄	3～8 岁
尺寸	236mm×165mm×321mm
重量	2.2kg
处理器	4 核处理器，高清画质编解码
摄像头	1080P 高清摄像头，1/2.7 图像传感器，超广视角(水平视角 85°，对角 96°)
屏幕	高清 1280*800 分辨率，16:10 IPS 全视角显示，5 点触摸
传感器	距离传感器，25cm 距离提醒防近视。光线传感器，根据环境光线强度调节屏幕亮度
摄像头	720P 高清摄像头
麦克风	65dB 超高信噪比，全向麦克风，全双工回声消除，背景噪声和房间混响抑制，5m 拾音
扬声器	音箱级音腔和低音震膜设计，双 4W、Ø40 大喇叭
WiFi	WiFi 802.11 b/g/n，2.4GHz
蓝牙	Bluetooth 4.0
锂电池	6700mAh
操作系统	Android5.0

360 儿童机器人外观设计见图 6-9。

图 6-9　360 儿童机器人外观设计

10. 海尔小帅机器人

海尔小帅机器人具有五大核心教育功能：习惯培养、幼教启蒙、陪写作业、海量教材、英语教学。海尔小帅机器人直径 14cm，高 17cm，重量 0.85kg，存储 32GB，拓展支持 TF 卡，支持 IOS、Android 操作系统。

海尔小帅机器人外观设计见图 6-10。海尔小帅机器人外观小巧呆萌，大大的脑袋，圆圆的身材，外形小巧玲珑。身体流线的设计符合人体工程学，握感舒适。

图 6-10　海尔小帅机器人外观设计

6.4　早教机器人设计开发

- 查阅早教机器人设计开发资料，分析早教机器人设计开发流程。
- 结合用户需求，创新设计早教机器人功能。
- 结合人体工程学、情感化设计理论等，创新设计一款早教机器人产品外观。
- 查阅早教机器人专利，并尝试提出一个早教机器人专利。

1. 早教机器人设计开发流程

早教机器人设计开发流程，见图 6-11。首先对早教机器人竞品和早教机器人市场进行分析，调研用户对早教机器人的个性化需求，在此基础上创意设计早教机器人，具体。

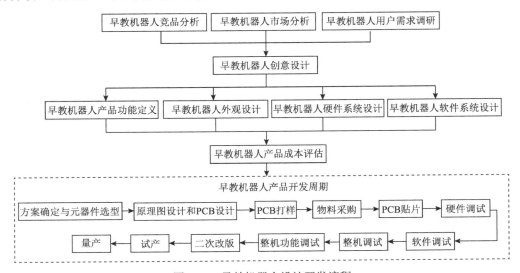

图 6-11　早教机器人设计开发流程

包括早教机器人产品功能定义、早教机器人外观设计、早教机器人硬件系统设计、早教机器人软件系统设计等，然后评估早教机器人产品成本，进而进入早教机器人产品开发阶段。早教机器人产品开发周期具体包括方案确定与元器件选型、原理图设计和 PCB 设计（printed circuit board design）、PCB 打样、物料采购、PCB 贴片、硬件调试、软件调试、整机调试、整机功能调试、二次改版、试产、量产等环节。

早教机器人的产品功能如下。

1）智能讲故事：通过语音识别技术控制机器人播放本地、云端内容。

2）语音交流：通过语音识别技术进行人机交互、语言对话。

3）微聊功能：智能机器设备与手机微信端的语音交互。

4）一键收藏：精彩内容不再错过，一键收藏自己喜欢的内容，轻松反复收听。

5）实用工具：查询天气、查询日历等。

6）学习伙伴：国学、儿歌、故事、英语、科普、教材等主题的学习内容。

7）情感交互：已逐渐成为人机交互中使自然和智能用户界面得以实现的基础与核心。早教机器人表达喜怒哀乐等情绪，以及与儿童之间情感交流。

8）智控移动：在语音识别技术、情感识别技术等支持下，早教机器人实现智控移动。

早教机器人外观设计内容如下。

产品外观（product appearance）是指产品的外在造型、图案、颜色、结构、大小等方面的综合表现，是产品质量的有机组成部分。产品外观设计涉及技术学、美学、心理学、社会学、经济学等学科知识，要考虑不同地区、不同民族、不同国家消费者的心理特点、审美观念等，要做到因地而异，符合他们心理上的需要；又与产品内在的技术性能和特征相吻合，使产品整体结构合理、适用、美观、大方，给人以美感。

产品的外观有三大要素，即形态、色彩、质感，优秀的产品外观必定是这三大要素的完美结合。形态指的是产品的空间形状和态势，可以简单地理解为产品的轮廓。在产品外观的三要素中，形态往往是最难把握的。主要有两个方面的原因：一方面，产品形态要建立在产品的物质功能（技术功能和使用功能）之上；另一方面，产品的形态又受到产品审美功能的影响。形态是营造产品主题的关键，形态的构成方式主要有两种：几何形态（分割、组合、变异）、仿生形态（功能仿生、形态仿生）。形态存在的特征引导着人们对其进行价值判断和情感认知，比如对称和矩形能显示空间严谨，有利于营造庄严、宁静、典雅的气氛，而圆和椭圆能展示包容，可以给人圆满、活泼的感觉。曲线也包含着丰富的意味，比如概念车和蘑菇灯，流畅的曲线柔中带刚，有张有弛，满足了现代设计所追求的简洁和韵律感。自由曲线对人有很高的吸引力，它具有更高的自由度、更加自然、更具生活气息，创造出的空间富有节奏、韵律和美感。通过形态语言呈现产品的技术特征、产品功能和内在品质，比如零件之间的过渡、表面肌理等方面的关系处理，体现产品的精湛工艺和优异品质。

对很多机器人企业而言，都希望产品设计的外观有独特性，又有别具一格的魅力，能吸引用户。机器人外观设计很考验设计师的能力，需要设计师寻找大量的素材，又要贴合客户的要求，把外观设计具体化。机器人外观设计需要综合考虑技术、材质、工艺、性能、交互性、手臂运动、内部信息传达等多方面因素，以及红外感应器、防撞杆、超声波感应器的器件功能，以判断机器人外观是否能够实现量产。

早教机器人电路设计：早教机器人主要用到三部分的电路，分别是 WiFi 音箱模块电路、音频处理电路和语音识别电路。WiFi 音箱模块电路主要实现机器人与网络的连接。音频处理电路主要处理声音的拾取和播放，按键操作和 TF 卡数据读写等。语音识别电路主要处理语音的识别、电机的驱动、指示灯显示等。

早教机器人硬件开发需要的工具有烙铁、风枪、万用表、示波器等。早教机器人开发还需要根据功能设计需求，准备各种元器件。

2. PCB 设计

印制电路板的设计是以电路原理图为根据，实现电路设计者所需要的功能。印刷电路板的设计主要指版图设计，需要考虑外部连接的布局、内部电子元件的优化布局、金属连线和通孔的优化布局、电磁保护、热耗散等各种因素。优秀的版图设计可以节约生产成本，达到良好的电路性能和散热性能。简单的版图设计可以用手工实现，复杂的版图设计需要借助计算机辅助设计实现。

在高速设计中，可控阻抗板和线路的特性阻抗是最重要和最普遍的问题之一。首先了解一下传输线的定义：传输线由两个具有一定长度的导体组成，一个导体用来发送信号，另一个用来接收信号(切记"回路"取代"地"的概念)。在一个多层板中，每一条线路都是传输线的组成部分，邻近的参考平面可作为第二条线路或回路。一条线路成为"性能良好"传输线的关键是使它的特性阻抗在整个线路中保持恒定。

线路板成为"可控阻抗板"的关键是使所有线路的特性阻抗满足一个规定值，通常在 25～70Ω。在多层线路板中，传输线性能良好的关键是使它的特性阻抗在整条线路中保持恒定。

PCB 设计软件有 Altium Designer、Cadence spb、Mentor EE、EAGLE Layout 等。Altium Designer 在 Windows 操作系统运行，主要功能有原理图设计、印刷电路版设计、FPGA(field-programmable gate array) 的开发、嵌入式开发、3D PCB 设计等。Altium Designer 拥有简单易用的 PCB 设计及原理图捕获集成方法，其优点是可以创建用于 PCB 装配的精准 3D 模型，并可导出符合行业标准的文件格式，及时知道生产出来的 PCB 是否与机械外壳相匹配。Cadence spb 包括原理图输入设计工具、元件库管理工具、PCB 设计工具和一个自动/交互式的强大的布线工具，涵盖了从原理图设计到 PCB 设计及生产加工装配输出的整个流程。Mentor EE 和 Cadence spb 属于同级别的 PCB 设计软件，它的强项是拉线、飞线，人称飞线王。EAGLE Layout 是欧洲使用最广泛的 PCB 设计软件。

3. PCB 布局规则

对于 IC、非定位接插件等大器件，可以选用 50～100mil 的格点精度进行布局，而对于电阻电容和电感等无源小器件，可采用 25mil 的格点进行布局。大格点的精度有利于器件的对齐和布局的美观。

1)在通常情况下，所有的元件均应布置在电路板的同一面上，只有顶层元件过密时，才能将一些高度有限并且发热量小的器件，如贴片电阻、贴片电容、贴片 IC 等放在底层。

2)在保证电气性能的前提下，元件应放置在栅格上且相互平行或垂直排列，以求整齐、美观，在一般情况下不允许元件重叠；元件排列要紧凑，元件在整个版面上应分布均匀、疏密一致。

3)电路板上不同组件相邻焊盘图形之间的最小间距应在 1mm 以上。

4)离电路板边缘一般不小于 2mm，电路板的最佳形状为矩形，长宽比为 3∶2 或 4∶3。电路板面尺寸大于 200mm×150mm 时，应考虑电路板所能承受的机械强度。

4. PCB 布局技巧

在 PCB 的布局设计中要分析电路板的单元，依据其功能进行布局设计，对电路的全部元器件进行布局时，要符合以下原则。

1)按照电路的流程安排各个功能电路单元的位置，使布局便于信号流通，并使信号尽可能保持一致的方向。

2)以每个功能单元的核心元器件为中心，围绕它来进行布局。元器件应均匀、整体、紧凑地排列在 PCB 上，尽量减少和缩短各元器件之间的引线和连接。

3)在高频下工作的电路，要考虑元器件之间的分布参数。一般电路应尽可能使元器件并行排列，这样不但美观，而且装焊容易，易于批量生产。

6.5　早教机器人的未来发展

研创活动

• 查阅教育机器人资料，分析早教机器人代表性产品。

1. 早教机器人发展的困境

早教机器人正在真实而快速地发展，但现有的陪伴机器人的功能、性能及综合水平依然还有很大的发展空间，提高各方面的技术及其综合应用，大力提高机器人的智能程度，提高硬件性能，提高智能机器人的自主性和适应性，是当下急需解决的问题。目前，早教机器人发展迅速，但是也存在以下困境。

（1）同质化严重

在智能时代，很多机器人企业把 AI 元素融入故事机中，故事机产品实现了升级换代。目前，市场上早教机器人同质化严重，多是语音互动和手机控制动一动，普遍采用

"平板+轮子"的模式，语音对话流畅程度、内容交互性等有待提升。早教机器人存在一个共同点：以家庭陪护为主，辅以早教。市面上流行的早教机器人虽然形态各异，但是在功能上相差无几，大多数都包含了语音交互、远程视频监控、海量教育资源等功能。早教机器人外观设计缺乏个性化创新，众多产品功能和体验区分度不大。早教机器人未来发展需要强化情感化设计、智慧化设计和拟人化设计。

(2) 智慧程度不够

消费级人工智能技术如人脸识别、语音互动等技术已经呈现模块化，在目前技术手段水平下已经趋向成熟，但是这些能够提升教育机器人智慧性的技术尚未在早教机器人中得到深入应用。例如，让机器人讲故事，只能说"讲故事"，它能进行播放，但是如果说"想要听个故事""给我讲个故事"等，它却没有反应，比较像傻瓜式的机器人。站在儿童的角度思考，儿童不可能单纯说"讲故事"这样标准化的语句，所以产品智慧化程度还需要改进。

(3) 资源特色不鲜明

目前，多数早教机器人的幼儿歌曲、童谣、诗歌、故事、动画片、早教软件等早教内容产品差异小，早教资源特色不鲜明。早教机器人除了能够移动外，与平板、智能手机、电视等媒体上的早教内容区别不大。

(4) 互动深度不够

目前，早教机器人的教育内容在与孩子互动的时候不仅仅是简单的声音、图像刺激，而需要更多地借助早教机器人的硬件动作，与孩子有更多的互动。早教机器人的教育内容和机器人本身是割裂的，孩子在与教育内容互动时，机器人不会有什么反应。例如，孩子答对了题目，或者游戏中取得了胜利，儿童机器人可以在肢体动作上有欢呼、庆祝、鼓励、表扬的互动，这样才是一个儿童机器人作为机器人应当表现出来的反应，而早教内容单一的互动形式也会被机器人的肢体动作所改善。

(5) 避障功能有待增强

在测试中，机器人放置在复杂的环境中进行高速运动，机器人没能如愿躲过前方障碍物。早教机器人不能及时避障，会威胁到儿童安全，甚至是生命安全。

(6) 行业缺乏标准化

目前早教机器人还处于起步阶段，行业标准参差不齐，不像手机产品那样标准化、规范化。市场上的早教机器人，存在硬件参数缺乏、标示不明等现象。早教机器人规范化、标准化，更利于提升产品竞争力，改变儿童传统学习方式和娱乐方式。

2. 早教机器人未来发展的挑战

早教机器人的难点不在结构和技术上，在于情感的交互、内容的生产、机器人的自学习能力等。语音是未来机器人和人之间的交流方式，目前微软小娜、苹果 Siri 等语音助理功能还不能很好地满足学习者的交流需求。体验高端早教机器人的语音控制及识别功能后发现，语音识别准确率蛮高，但是语音控制的语句比较单一，不符合人类自然语音交互，缺乏扩张性和灵活性。语音交流的关键技术不是语音识别而是语义理解。这项技术的实现需要巨大的语料库支持，而不同语言之间的差异给这项工作带来了更大的挑战。

　　早教机器人与 AR 技术的融合，可以让机器人的表情（屏幕）更加丰富多彩，儿童可以与跃出屏幕之外的事物互动，更加直观、更加立体、更富趣味性地学习知识，真正实现寓教于乐。例如，机器人说"I am thirsty"（我很口渴），然后儿童可以在一堆卡片里找到一杯水的那张，放在机器人面前，机器人会说"哇，真好喝"，这种交互方式将会提升机器人的趣味性和人性化。

拓 展 资 料

2017 年中国幼教行业发展趋势及市场前景预测[EB/OL]. [2016-11-13]. http://www.chyxx.com/industry/ 201611/466783. html.

360 儿童机器人[EB/OL]. [2018-08-01]. http://kibot.360.cn/detail.html.

安徽淘云科技有限公司. 讯飞淘云[EB/OL]. (2018-08-01)[2018-08-15].http://www.toycloud.com.

百度网. PCB 设计[EB/OL]. (2018-08-01)[2018-08-15]. https://baike.baidu.com/item/PCB 设计/2469082?fr= aladdin.

百度网. 麦咭智能机器人[EB/OL]. (2018-08-01)[2018-08-15]. https://baike.baidu.com/item/麦咭智能机器人/20782880.

百度网. 早教机器人研究报告[EB/OL]. (2017-06-27)[2018-08-15]. http://baijiahao.baidu.com/s?id=1571326365 295588&wfr=spider&for=pc.

北京奇虎科技有限公司. 360 儿童机器人[EB/OL]. (2018-08-01)[2018-08-15]. http://kibot.360.cn/detail.html.

北京物灵智能科技有限公司. 物灵智能机器人[EB/OL]. (2018-08-01)[2018-08-15]. https://www.ling.cn.

北京智能管家科技有限公司. 布丁智能机器人[EB/OL]. (2018-08-01)[2018-08-15].http://www.roobo.com.

布丁智能机器人[EB/OL]. [2018-08-01]. http://www.roobo.com.

产品形态的塑造[EB/OL]. [2017-11-29]. http://www.sohu.com/a/207453239_100017003.

第一调查网. 婴幼儿智能早教机器人的市场需求调查[EB/OL]. (2016-04-30)[2018-08-15]. http://survey. 1diaocha.com/Survey/_SurveyDetails_depth_49978193695288.html.

儿童机器人这个市场究竟还缺点什么？[EB/OL]. [2016-08-20]. http://tech.163.com/16/0820/19/BUUHFR ST00097U80. html.

公子小白系列[EB/OL]. [2018-08-01]. http://www.gowild.cn.

海尔集团.海尔小帅机器人[EB/OL]. (2018-08-01)[2018-08-15]. http://www.hexsjqr.com/index.html.

海尔小帅机器人[EB/OL]. [2018-08-01]. http://www.hexsjqr.com/index.html.

好儿优[EB/OL]. [2018-08-01]. http://www.yuanqutech.com.

好帅智能机器人[EB/OL]. [2018-08-01]. http://www.rdrobots.com.

合肥荣事达小家电有限公司. 好帅智能机器人[EB/OL]. (2018-08-01)[2018-08-15].http://www.rdrobots.com.

机器人网. 早教机器人兴起浪潮深挖其背后深层意义[EB/OL]. (2016-06-26)[2018-08-15]. http://robot.ofweek. com/2016-02/ART-8321203-8420-29069385.html.

科大讯飞阿尔法蛋系列[EB/OL]. [2018-08-01]. http://www.iflytek.com/educational/pcenter_3.html.

科大讯飞股份有限公司. 科大讯飞阿尔法蛋系列[EB/OL]. (2018-08-01)[2018-08-15]. http://www.iflytek. com/ educational/pcenter_3.html.

麦咭智能机器人[EB/OL]. [2018-08-01]. https://baike.baidu.com/item/麦咭智能机器人/20782880.

情感交互标准立项, 机器人将会被赋予"读心术"? [EB/OL]. [2017-04-10]. http://money.163.com/17/0410/17/CHM6O2NP002580S6.html.

上海元趣信息技术有限公司. 好儿优[EB/OL]. (2018-08-01)[2018-08-15]. http://www.yuanqutech.com.

深圳狗尾草智能科技有限公司. 公子小白系列[EB/OL]. (2018-08-01)[2018-08-15]. http://www.gowild.cn.

深圳勇艺达机器人有限公司. 勇艺达机器人[EB/OL]. (2018-08-01)[2018-08-15].http://www.yydrobo.com.

搜狐网.产品形态的塑造[EB/OL]. (2017-11-29)[2018-08-15]. http://www.sohu.com/a/207453239_100017003.

王倩, 魏鑫, 易奎, 等. 基于语音技术的早教写字机器人设计[J].中国高新技术企业, 2014(4): 21-23.

网易网. 儿童机器人这个市场究竟缺点什么? [EB/OL]. (2016-08-20)[2018-08-15]. http://tech.163.com/16/0820/19/BUUHFRST00097U80.html.

网易网. 情感交互标准立项, 机器人将会被赋予读心术? [EB/OL]. (2017-04-10)[2018-08-15]. http://money.163.com/17/0410/17/CHM6O2NP002580S6.html.

物灵智能机器人[EB/OL]. [2018-08-01]. https://www.ling.cn.

讯飞陶云[EB/OL]. [2018-08-01]. http://www.toycloud.com.

婴幼儿智能早教机器人的市场需求调查[EB/OL]. [2016-04-30]. http://survey.1diaocha.com/Survey/_SurveyDetails_depth_49978193695288.html.

勇艺达机器人[EB/OL]. [2018-08-01]. http://www.yydrobo.com.

早教机器人兴起浪潮深挖其背后深层意义[EB/OL]. [2016-06-26]. http://robot.ofweek.com/2016-02/ART-8321203-8420-29069385.html.

早教机器人研究报告[EB/OL]. [2017-06-27]. http://baijiahao.baidu.com/s?id=1571326365295588&wfr=spider&for=pc.

中国产业信息. 2017 年中国幼教行业发展趋势及市场前景预测[EB/OL]. (2016-11-13)[2018-08-15]. http://www.chyxx.com/industry/201611/466783.html.

Jibo, Inc. Meet Jibo[EB/OL]. (2018-08-01)[2018-08-15].https://www.jibo.com.

Meet Jibo[EB/OL]. [2018-08-01]. https://www.jibo.com.

PCB 设计[EB/OL]. [2018-08-01]. https://baike.baidu.com/item/PCB 设计/2469082?fr=aladdin.

第 7 章

模块化教育机器人

学习目标

1. 掌握模块化理论。
2. 理解模块化机器人。
3. 理解模块化教育机器人。
4. 熟悉模块化机器人产品的功能。
5. 熟练运用模块化教育机器人编程软件。

知 识 点

模块化理论、模块化机器人、模块化教育机器人、模块化机器人产品、模块化教育机器人编程软件。

技 能 点

掌握模块化理论，理解模块化机器人，理解模块化教育机器人，设计模块化机器人的功能，运用模块化机器人开展创客教育和 STEAM 教育，运用模块化教育机器人编程软件。

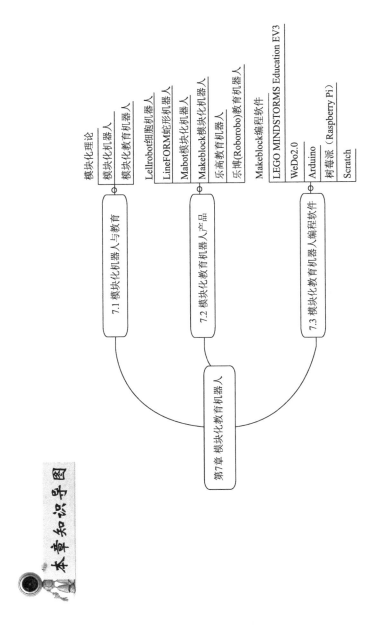

本章知识导图

第7章 模块化教育机器人

7.1 模块化机器人与教育
- 模块化理论
- 模块化机器人
- 模块化教育机器人

7.2 模块化教育机器人产品
- Lellrobot细胞形机器人
- LineFORM蛇形机器人
- Mabot模块化机器人
- Makeblock模块化机器人
- 乐高教育机器人
- 乐博(Roborobo)教育机器人

7.3 模块化教育机器人编程软件
- Makeblock编程软件
- LEGO MINDSTORMS Education EV3
- WeDo2.0
- Arduino
- 树莓派(Raspberry Pi)
- Scratch

1. 什么是模块化理论？模块化理论对设计机器人具有哪些启示？
2. 常见的模块化机器人有哪些？各具有什么功能和特点？
3. 常见的模块化教育机器人有哪些？各具有什么功能和特点？
4. 目前，中小学运用模块化机器人开展机器人教学的现状如何？
5. 常见的模块化教育机器人编程软件有哪些？各具有什么特点？
6. 模块化教育机器人对中小学开展机器人教育具有哪些优缺点？

7.1　模块化机器人与教育

- 查阅模块化理论资料，谈谈在机器人设计领域中的具体应用。
- 模块化机器人具有什么功能和特点？
- 模块化教育机器人具有什么功能和特点？

1. 模块化理论

工业经济时代，模块化生产作为一种工艺设计方法被运用到钟表、汽车制造等行业。1962 年，西蒙(Simon)提出了模块的"可分解性"，阐明了模块化对于管理复杂系统的重要性。

由于工业经济时代人们的生活还在由数量消费到质量消费转型的阶段，产业是以福特制为基本的组织形态，所以模块化在当时只是作为一种工业设计的方法，并没有被完全运用到产业组织理论中。从 20 世纪 90 年代开始，人类开始进入信息经济与全球化时代，企业面对的是全球化的竞争，技术的飞速发展，人们的消费需求由质量消费向个性化消费过渡。在此背景下，柔性生产、虚拟组织等后福特制生产组织形式开始出现，产业也由纵向分工向横向分工转变。一些经济学家发现，模块化的生产组织形式在这一扁平化与柔性化趋势中起着举足轻重的作用，对模块化的研究也由工艺设计向组织设计转变。

日本经济学家青木昌彦提出了模块集中化的两种模式，包括事先规定了模块之间联系规则的"A"模式，模块联系规则可以不断改进的"J"模式，以及各个模块内部的信息处理完全"包裹化"这一条件；他甚至认为模块化是新经济条件下产业结构的本质。哈佛商学院鲍德温和克拉克通过对硅谷高科技风险企业模块化集群的分析得出新经济时代就是"模块化时代"的结论，于是产生了模块化理论。

1997 年，鲍德温教授和克拉克在《哈佛商业评论》上发表了《模块化时代的管理》，指出模块化现象在信息产业、汽车等几个产业领域里从生产过程扩展到了设计过程，同时指出了模块化对产业组织结构所具有的革命性意义。2000 年，鲍德温和克拉克出版了有关模块化的第一本书《设计规则：模块化的力量》。从此模块化理论被越来越多的学者重视，并以此为工具开始在不同的领域进行研究。

设计规则的制定者就是产业标准的制定者。对企业来说，掌握设计规则就意味着引领着产业标准，占据产业制高点；对国家来说，经由设计规则联系在一起的一群独立公司所组成的分散化"模块簇群"是推动产业升级的主要力量，培育这样的模块簇群就意味着拥有了赢得国际竞争力的秘密武器。

2. 模块化机器人

模块化机器人由模块，即由模块关节和模块连杆组成。模块一般应具有标准化的机械与电气接口用于模块间连接，具有 1～3 个自由度的模块关节由直流或交流电机驱动，并集成有减速机构和控制器，无自由度的模块连杆仅用于模块关节之间的连接。不同长度的模块连杆和不同方位的标准接口，使得模块关节之间的连接能满足对机器人不同运动学和动力的需求。

3. 模块化教育机器人

模块化教育机器人（modular education robots）是由标准的相互独立的配件模块，以及驱动部分、动力源等组成，是具有教育功能和编程功能的模块组合机器人。模块化教育机器人一般具有灵活组合、扩展性强、兼容性强、支持编程等特点。

7.2　模块化教育机器人产品

研创活动

- 查阅模块化教育机器人产品资料，分析模块化教育机器人的功能和特点。
- 查阅模块化教育机器人产品资料，用数据分析预测模块化教育机器人的发展趋势。
- 如何创意设计一款模块化教育机器人。
- 结合市场需求，创意设计一款模块化教育机器人。

市场上常见的模块化教育机器人产品有能力风暴 Krypton 氪积木系列和 Boya 伯牙模块系列、格物斯坦机器人、ROBOHIT 机器人、CellRobot 细胞机器人、LineFORM 蛇形机器人、Mabot Makeblock 机器人、乐高 EV3 套装和 Wedo2.0 套装等。

1. CellRobot 细胞机器人

2013 年，北京航空航天大学杨健勃等组建了"CellRobot"团队。2014 年 7 月，CellRobot 入选美国顶级硬件孵化器 HAX。2016 年，CellRobot 在第二届中国"互联网+"大学生创新创业大赛总决赛上获得了金奖。

CellRobot 即"细胞机器人"，是世界第一款具有实用功能的模块化机器人。它由一个一个的 Cell 组合起来，变成各种形状，实现不同的功能，比如可以变成机械臂、遥控汽车甚至是人形机器人。

Cell 有三种：Heart、Cell 和 X-Cell。Heart 就是一个机器人的大脑和心脏，内置了计算单元、无线通信和电池，它通过 WiFi 与智能手机连接，通过 Zigbee 协议与 Cell 和 X-Cell 沟通。一个机器人当中只有一个 Heart，见图 7-1。

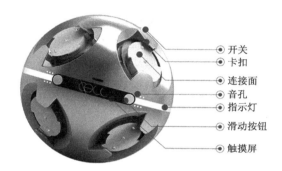

图 7-1　Heart

Cell 是最基本的模块，构成机器人的躯干，它主要是一个机械装置，由 Heart 来供电并指挥它们做什么。实际上它是由两半拼起来的，沿着中轴旋转运动。一个机器人当中可以有很多个 Cell，见图 7-2。

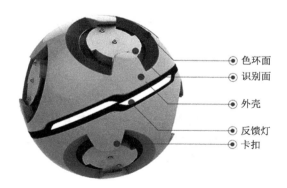

图 7-2　Cell

Heart 和 Cell 外表很像，它们都有 8 个连接面，每一个面都可以和另一个 Cell 的面连接，从而构成各种不同形状的机器人。但是仅有 Heart 和 Cell 的可玩性有限，因而设计者创造了第三种细胞——X-Cell，见图 7-3。X-Cell 是机器人中的功能性模块，形状、功能都非常多样，如有 Wheel、Camera Pro 全景相机、Spotlight 射灯等。开放的接口让用户可以创造属于自己的 X-Cell。

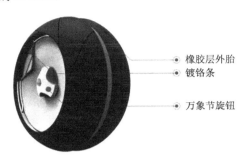

- 橡胶层外胎
- 镀铬条
- 万象节旋钮

图 7-3　Wheel X-Cell

CellRobot 具有掀窗帘、送餐盘等小功能，它既可以是一款高端乐高积木，也可以是炫酷的机器人。CellRobot 未来可能会用于机器人教育、工厂自动化机器人等领域。

2. LineFORM 蛇形机器人

2015 年，麻省理工学院媒体实验室开发出了一种 LineFORM 可变形机器人原型，见图 7-4。LineFORM 是一种蛇形机器人，可以形成许多形状，同时具备灵活性和刚性。LineFORM 可以变成一盏台灯，身体的某个机械部分可以变成开关。还有一种功能是变成 USB 传输线在传输时像电流一样摆动。

LineFORM 的创造者认为可以把这一机器人想象成带有显示器、麦克风和扬声器等核心结构的移动设备。在接收到电话后，机器人便可以变成电话的形状。通话结束又可以收缩成最小体积。

图 7-4　LineFORM 蛇形机器人

每个 LineFORM 单元模块都是一个小型机器人，除了可以自行变形、活动、组合外，

LineFORM 还可以通过软件设定实现与电脑、手机之间的互动，作为计算机的辅助配件，也可以拼装成机械手、可穿戴的智能设备等。受制于电池和供电电流，机器人不能无限拼接，LineFORM 最多可以支持 33 个模块组成长链。

3. Mabot 模块化机器人

2017 年，贝尔科教集团携手旗下的 Bellrobot 团队宣布推出名为 Mabot 的新型模块化交互式机器人学习工具包，见图 7-5。Mabot 是一款充分展现智能机器人趣味的模块化设计的球形机器人，通过拼接具备不同功能的球形单元，可拥有变化无穷的玩法。

图 7-5　Mabot 模块化机器人

Mabot 的首要任务是有趣，然后才是一个学习系统。Mabot 能兼容乐高等产品，孩子们可以用自己的乐高玩具来扩展机器人，创造无限的创意乐趣。Mabot 套装都是一套让人难以置信的机器人系统，通过独特的模块化组合方式，可以让孩子们根据自己的创意实现不同的功能，如移动、感知周围的环境或者与环境互动。

Mabot 包含四种不同的套装，每个套装都可以用来打造不同类型的机器人。然后通过 Mabot Go 和 IDE 应用，孩子们可以轻松地实现对机器人的控制，并且学习如何用编程实现更多额外的功能。当孩子掌握了初级的 Mabot 使用方法之后，就可以通过 Mabot IDE 高级编程应用来实现更多的功能。虽然是进阶应用，但是依然采用了可视化的编程接口，以拖动模块的方式来完成各种序列，实现自己想要的功能。

Mabot 就像人类身体的结构一样，Mabot 提供了五种基本的元素球，包括控制球、驱动球、连接球、电池球和传感器球。每个模块球的大小都适合儿童轻松抓握，同时还使用了热插拔的形式连接，这就意味着孩子们可以在无须关闭电源的情况下直接增加或删除模块。一个电池球可以驱动机器人的其他部件，感知周围的颜色和物体，甚至可以捡起东西。控制球及 Mabot Go 和 Mabot IDE 两款应用可以对机器人进行控制，这使编程变得更容易也更有趣。

Mabot 操作简单，通过 Mabot 直观的应用程序，完全以可视化的指导和建议方式施行。在 APP 的界面上，可以通过拖拽的方式轻松实现各种不同的功能，如改变颜色、驱动、按下按钮等。对于初学者来说，Mabot Go 应用程序包括了预先设定和逐级设定的 10 多个机器人指令，这些机器人在演示基本编码的过程中，可以引导初学者完成其目标。一旦用户的水平有所提升，高级的 Mabot IDE 应用程序就可以使用类似于 Blockly 的代码块来为机器人编程，让机器人完成更复杂的任务。这两个应用程序为年轻的程序员提供了学习的途径，使其可以以自己的速度学习和成长。通过混合和匹配机器人模块，可以让孩子们创造出具有不同外观、用途和功能的机器人。

4. Makeblock 模块化机器人

2013 年，深圳市创客工场科技有限公司成立，创立 Makeblock 品牌。Makeblock 面向学校、培训机构、家庭的 STEAM 教育场景和娱乐场景，提供硬件及软件产品，输出优质的教育内容，支持全球性的青少年机器人赛事，以一体化的教育解决方案和创新的模式，推动科技和教育的深度结合。Makeblock 产品开发的课程内容，强化提高学生的知识和情感技能，以及逻辑思维、编程思维、跨学科技能、动手能力、创造力、领导力、团队协作、沟通能力等全面能力的提升。

Makeblock 建立了全球性的机器人赛事平台 MakeX，旨在通过全球性的青少年机器人挑战赛、创客马拉松、STEAM 嘉年华等活动形式，让全民都能参与科技创造，并体验创新科技的魅力，以全新的角度推动科技和教育创新。

Makeblock 是一个包含金属积木、电子模块、软件工具等几百种零件的工程积木平台。Makeblock 拥有 5 条硬件产品线，生产创作自由度极高的 DIY 平台、金属机器人套件 mBot 系列、Airblock 飞行机器人、神经元智能电子积木平台和普及型编程机器人"程小奔"等机器人产品。

（1）DIY 平台

DIY 平台是可编程金属积木搭建平台，包含 300 多种机械零件、100 多种电子模块及配件、20 多套创意套件，各种零件采用统一的接口标准，可以实现积木式编程控制，兼容 Arduino 和树莓派。

DIY 平台机械零件见图 7-6，均采用坚固的铝合金材质，统一标准的设计和螺丝螺

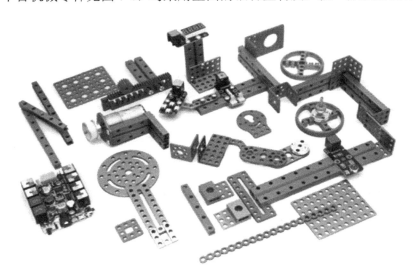

图 7-6　DIY 平台机械零件

母的连接方式,兼容乐高和工业标准件,能够轻松创造出无限的形态。电子模块采用 RJ25 接口和色标体系,不同功能的模块配不同色块,对色即插、便捷易用。

可编程主控板、多种传感器、电机驱动模块、显示模块和通信等功能丰富的电子模块,见图 7-7,采用简单易用的 RJ25 连接线,结合零门槛的积木式编程可快速实现各种功能。

图 7-7　DIY 平台电子模块

3D 打印机、激光雕刻机、小型运输机器人、音乐机器人等各式有趣和实用工具,都能用 DIY 平台上的套件进行搭建,并用这些工具来进行更多的创作,实现创意想法。

(2) 金属机器人套件 mBot 系列

金属机器人套件 mBot 系列产品见图 7-8,包括 mBot 入门级编程机器人套件、mBot Ranger 3 合 1 编程机器人套件、mBot Ultimate 10 合 1 可编程机器人套件、mBot 系列扩展包等。

图 7-8　mBot 系列产品

mBot 入门级编程机器人套件产品见表 7-1。

表 7-1　mBot 产品分析

适用年龄	6 岁以上
主要功能	轻松搭建锻炼动手能力；可外接 40 多种电子模块，并可拓展形态；配套积木式编程软件；游戏化编程学习体验
三种预设控制	智能避障、巡线行驶、手动操控
编程	图形化编程软件
扩展	自带 4 个扩展接口与 7 个电子模块
搭配扩展	六足机器人扩展包提供搭建"甲虫机器人""螳螂机器人""疯狂小青蛙"三种形态。声光互动扩展包提供搭建"追光机器人""蝎子机器人""智能声控台灯"三种形态。动感小猫扩展包提供搭建"跳舞小猫""东张西望小猫""小猫探照灯"三种形态
连接/传输方式	蓝牙(蓝牙版)/ 2.4GHz(2.4G 版)/USB 连接
主控板/芯片	mCore 主控板
传感器	光线传感器、超声波传感器、巡线传感器
电源	3.7V 锂电池 / 1.5V AA 电池 4 个
尺寸	组装后：170mm × 130mm × 90mm(长 × 宽 × 高)
重量	组装后整重：1034g

mBot Ranger 3 合 1 编程机器人套件见表 7-2。

表 7-2　mBot Ranger 产品分析

适用年龄	8 岁以上
主要功能	配备履带底盘；预设 3 种搭建形态；增至 10 个扩展接口，可实现更多创意；配套积木式编程软件；游戏化编程学习体验
三种预设搭建形态	包含约 100 个机械零件和电子元件，能够搭建成"陆地巡游者"履带式坦克车、"神经鸟"自平衡小车和"迅猛龙"三轮竞赛车 3 种形态
扩展	自带 10 个带色标的扩展接口，可以连接更多电子模块，实现更复杂的创意设计，兼容 Makeblock 平台与乐高积木
搭配扩展	激光剑拓展包将 mBot Ranger 改造为属于自己的激光剑
编程	配套 mBlock、Makeblock APP 和 M 部落 APP 等积木式编程软件，无论在 PC 端还是移动端，都可以像搭积木一样编程操控机器人
主控板/芯片	Arduino Mega 2560 主控板
传感器	集成 6 种传感器。Me Auriga 主控板，板上集成了光线传感器、陀螺仪、温度传感器、声音传感器 4 种传感器，并可外接巡线传感器、超声波传感器及其他电子模块
连接/传输方式	蓝牙(蓝牙版)/ 2.4GHz(2.4G 版)/USB 连接
电源	1.5V AA 电池 6 个
尺寸	最大搭建形态：200mm × 175mm × 125mm(长 × 宽 × 高)
重量	组装后整重：1600g

mBot Ultimate 10 合 1 可编程机器人套件见表 7-3。

表 7-3　mBot Ultimate 2.0 产品分析

适用年龄	12 岁以上
主要功能	160 多个零件，可搭建 10 多种形态；强大的主控板，电机驱动能力出众；支持积木式编程、Python、Arduino IDE 等多种编程语言
10 个搭建案例	翻转坦克、自平衡机器人、探测机器人、机械蚂蚁、履带机械臂坦克机器人、机械酒保、3D 扫描台 A、3D 扫描台 B、移动摄影车、弹射锥
机械结构	包括 80 多种零件，数量超过 160 个。各种功能的机械结构件，强大的 MegaPi 主控板、电机、传感器等电子模块，还有机械手、履带底盘等扩展结构，齐全的零件库可以搭建上百种组合
主控板/芯片	主控板 MegaPi 基于 ATmega2560 而设计，具备强大的驱动能力，可同时带动 10 个舵机和 4 个步进电机或 8 个直流电机，配合 4 个传感器接口，可外接多种功能的传感器
兼容性	兼容 Arduino 和树莓派 Raspberry Pi，能实现对各种电机和电子模块的控制
编程	积木式编程软件，支持 Arduino IDE、Node.js 和 Python 等编程语言
电子模块	MegaPi，MegaPi RJ25 转接板，蓝牙模块，电机驱动* 4，编码器电机*3，超声波传感器，巡线传感器，陀螺仪传感器，RJ25 转接模块，快门线模块，Makeblock 机械爪
连接/传输方式	蓝牙/USB 连接
电源	1.5V AA 电池 6 个

　　mBot 系列产品资料包括 mBot 搭建说明书、mBot 表情卡片、mBot 学习视频、mBot 巡线地图、mBot 电子原理图。

　　(3) Airblock 飞行机器人

　　Airblock 模块化可编程飞行机器人荣获了 4 项大奖：德国 2017 红点产品设计大奖、日本 2017 优良设计大奖、韩国 K-Design 特等奖和 IDEA Finalist2017。Airblock 飞行机器人产品分析，见表 7-4。

表 7-4　Airblock 飞行机器人产品分析

模块	7 个模块，自由组合多种形态。 Airblock 由 1 个主控模块和 6 个动力模块组成
磁吸连接	Airblock 的模块间采用专利磁吸接口设计，装卸简单，无须工具即可快速实现拼装，降低了操作门槛
编程	配合 Makeblock APP 积木式编程，通过控制不同动力模块的风力大小，改变主控模块的灯光颜色
形态	6 旋翼飞行器/气垫船/DIY
适用领域	陆/空/水
控制范围	空中 8m，水上 6m
续航时间	无人机 6 分钟，气垫船 16 分钟
最大速度	无人机 1.5m/s，气垫船 2.5 m/s
传感器	气压机，六轴陀螺仪
电机	空心杯电机×6
连接/传输方式	蓝牙连接
电源	7.4V，700mAh 锂电池
重量	无人机 150g，气垫船 190g

Airblock 产品资料包括 Airblock 使用说明书、Airblock 学习视频、Airblock 操作教程（一）、Airblock 操作教程（二）、Airblock 扩展包零件制作文件包（图纸预览、激光制作文件、Airblock 扩展包激光切割制作指南）、Airblock 扩展包搭建说明（马戏小丑、跳舞小球、旋转独轮车、旋转寿司）。

(4) 神经元智能电子积木平台

神经元是可编程智能电子积木平台。神经元模块的背部均带有磁吸设计，可以将模块贴在任何有磁吸设计的平面上给孩子演示，如小白板、冰箱等。神经元智能电子积木平台产品分析，见表 7-5。

表 7-5　神经元智能电子积木平台产品分析

适用年龄	6 岁以上
磁吸连接	模块间采用耐用的 Pogo Pin 磁吸接口，"啪嗒"一碰秒连接，上手即玩
电子模块	30 多个模块，可以搭建上百种组合。能源与通信模块：电源、蓝牙模块。输入模块：陀螺仪传感器、触摸开关(4 控)。输出模块：双舵机驱动+舵机、LED 面板、蜂鸣器
编程	搭载连线式编程软件 Makeblock Neuron APP，通过简单地拖拽、点击图标、画线连接即可操控编程页面。编程效果能实时反映在拼接好的神经元模块上，让孩子在玩中理解抽象的编程知识，并进一步发挥想象力，创造更复杂的发明，如自动浇花机、声控台灯等
支持 IoT	通过 APP 的分享功能，仅需扫描二维码即可远程控制你的神经元作品，也可以分享编好的程序。将神经元联网后，还能通过微软认知服务来实现人工智能功能，如让神经元来识别你的情绪和文字等
兼容性	模块造型简单自然，绿色、橙色、蓝色的模块分别代表能源和通信模块、输入模块及输出模块，让孩子轻松分辨，兼容 LEGO 积木、Makeblock 平台产品及"程小奔"
扩展	所有神经元模块都可以与 Makeblock 平台产品、LEGO 积木及"程小奔"兼容
连接/传输方式	蓝牙 / WiFi 连接
电源	950mAh 锂电池
电压	输出电压 DC 5V，输入电压 DC 5V，输入电流<1A
尺寸	24 mm × 24 mm × 14mm(长 × 宽 × 高)(最大)：陀螺仪传感器、蜂鸣器 48 mm × 24 mm × 14mm(长 × 宽 × 高)(最大)：蓝牙模块、触摸开关(4 控)、双舵机驱动 48 mm × 48 mm × 14mm(长 × 宽 × 高)(最大)：电源、LED 面板
重量	净重：293g　毛重：979g

神经元产品资料包括神经元智造家套件使用说明书、神经元智造家套件案例视频、神经元创意实验室套件使用说明书、神经元创意制作与科学实验手册 V3。

(5) 普及型编程机器人"程小奔"

普及型编程机器人"程小奔"(Codey Rocky)是寓教于乐的编程教育机器人，见图 7-9。"程小奔"以软硬件交互的方式，鼓励孩子在创作和游戏中学习编程。配套软件慧编程，支持积木式编程和 Python 代码编程，并融入 AI 和 IoT 技术，让孩子从小接触和了解前沿科技。

"程小奔"采用 2 合 1 创新结构设计：①强劲的大脑——小程。集成 10 余种电子模块，可编程操控，让程小奔实现更多功能。②灵活的身躯——小奔。旋转、巡线、躲避障碍，灵活的"程小奔"为创造带来无限乐趣。

图 7-9　普及型编程机器人"程小奔"

"程小奔"集成了声音传感器、光线传感器、LED 点阵屏幕等 10 余种电子模块，见图 7-10，只需结合简单的编程，就能实现演奏音乐、追光、模仿人脸表情等功能。

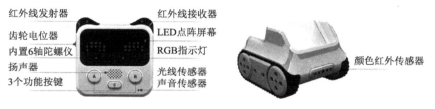

图 7-10　"程小奔"电子模块

红外发射器/接收器：实现与多台机器人之间的通信、与电器间的红外遥控等功能。

齿轮电位器：用于调节音量、调节数值等。

LED 点阵屏幕：呈现各种图案和 RGB 灯光效果。

6 轴陀螺仪：检测倾斜、摇晃与转弯角度，可用于设计倾斜、摇晃等体感小游戏。

RGB 指示灯：通过编程可自由定义 RGB 指示灯的颜色，让屏幕玩法更丰富。

光线传感器：检测环境光线的强弱。

声音传感器：检测环境或动作等的音量大小。

功能按键：通过编程可自定义每个按键的功能。

颜色红外传感器：可实现颜色检测、躲避障碍、距离感应、巡线等功能。

普及型编程机器人"程小奔"产品分析见表 7-6。

表 7-6　普及型编程机器人"程小奔"产品分析

适用年龄	6 岁以上
主要功能	创作点阵动画、设计掌上小游戏、与舞台角色互动、让"程小奔"集体行动
编程	慧编程具有强大的功能和体验。一键切换 Python，进阶学习专业编程
电子模块	集成了声音传感器、光线传感器、陀螺仪与加速度计、LED 点阵屏幕、直流减速电机等 10 余种电子模块，只需结合简单的编程，就能实现演奏音乐、追光、模仿人脸表情等功能
支持 AI	慧编程支持图像识别、语音识别、深度学习等 AI 技术，让孩子接触前沿科技，并在有趣的游戏和应用中，掌握 AI 技术背后的逻辑和原理，学习与机器交互的方式
支持 IoT	内置 WiFi 模块，可以快速连接云服务器，实现 IoT（Internet of Things）功能。"程小奔"通过编程，孩子可以使其获取天气数据，进行天气预报，再结合 IFTTT（If This Then That），还能实现短信提醒等智能功能。孩子还可以把"程小奔"变成可穿戴设备，开展科学项目，实现更多 IoT 应用

续表

编程指导	从教材、案例到课程，为孩子的编程学习提供丰富的内容支持：配套软件慧编程，教程不断更新，从入门、中级到高级，激发孩子无限的创作灵感；配套基于美国 CSTA(computer science teachers association)课程标准设计的免费 PBL(problem-based learning)编程课，给孩子专业、系统的编程指导
主控板/芯片	ESP32 芯片
智能功能	巡线行驶、智能避障、追光、自动防跌落、颜色识别、体感遥控、红外通信
连接/传输方式	蓝牙 / WiFi / USB
兼容性	兼容 Makeblock 神经元和乐高积木
电源	950mAh 锂电池
尺寸	102mm×95.4mm×103mm(长×宽×高)
重量	290.5g

5. 乐高教育机器人

乐高教育将寓教于乐的创新教育理念和 STEM(科学、技术、工程和数学)的教学方式带给学生，让更多的青少年能够自主、有效地学习并更好地适应未来社会的挑战。

乐高教育机器人是具有代表性的模块化机器人，主要产品有早期简单机械套装(9656)、简单机械套装(9689)、简单动力机械套装(9686)、EV3 机器人套装(45544)、EV3 主题包(45560)、EV3 机器人温度传感器(9749)、EV3 机器人太空挑战套装(45570)和 WeDo2.0 核心套装(45300)。

(1)早期简单机械套装

早期简单机械套装见图 7-11，积木数量是 102 块，适用年龄为 5 岁以上。套装提供

图 7-11 早期简单机械套装(9656)

了基础入门学习所需要的 8 个机械模型和 8 张双面全彩的搭建卡。套装里包括齿轮、杠杆、滑轮、轮子和轮轴，以及一些带孔的塑制片，如眼睛、帆、螺旋桨和翅膀，可与 2009656 活动包组合成 8 种课程计划，每种课程计划包含 20 分钟扩展活动和 4 个问题解决任务。早期简单机械套装可以帮助儿童探索基础机械原理，如齿轮、杠杆、滑轮、轮和轮轴；研究力、浮力和平衡；提升通过设计解决问题和团队合作的能力。

(2)简单机械套装

简单机械套装见图 7-12，积木数量是 204 块，适用年龄为 7 岁以上。套装包含 16 个原理模型、4 个主要模型、4 个问题解决模型，可以帮助学生观察和研究齿轮、轮轴、杠杆和滑轮的操作原理，帮助学生认识日常生活中各种简单或复杂的机械原理。

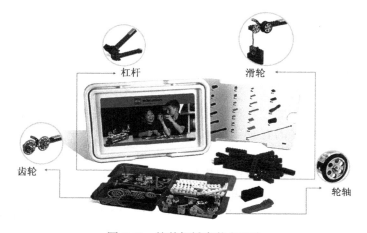

图 7-12　简单机械套装(9689)

(3)简单动力机械套装

简单动力机械套装见图 7-13，积木数量是 396 块，适用年龄为 8 岁以上。套装内附有 10 个原理模型和 18 个主模型，配备课堂活动手册，知识涵盖数学、物理、科学、技术等方面。学生通过模型来预测、观察、调整、记录各项指标，直接体验到力、能量、

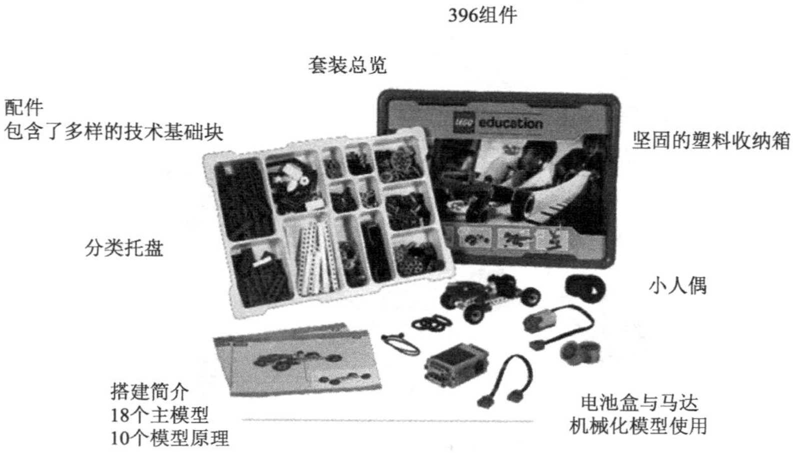

396组件

套装总览

配件
包含了多样的技术基础块

坚固的塑料收纳箱

分类托盘

小人偶

搭建简介
18个主模型
10个模型原理

电池盒与马达
机械化模型使用

图 7-13　简单动力机械套装(9686)

磁性等知识。与科学技术套装活动包配合使用，可提供给学生 30 个以上的科技课程，以及额外的挑战任务及搭建的构想。

简单动力机械套装的学习价值：①搭建现实的机器与机械模型；②探索机器动力来源与原理；③使用塑料板研究校准和捕捉风能；④研究齿轮机械原理。

(4)EV3 机器人套装

EV3 机器人套装的积木数量是 541 块，包含 1 个 EV3 程序块、2 个大型电机、1 个中型电机、1 个超声波传感器、1 个颜色传感器、1 个陀螺仪传感器、1 个触控传感器、1 个可充电电池，见图 7-14。

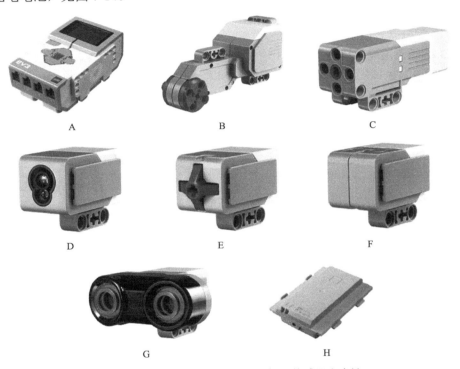

图 7-14 EV3 机器人程序块、电机、传感器和电池
A. 程序块；B. 大型电机；C. 中型电机；D. 颜色传感器；E. 触动传感器；F. 触动传感器；G. 超声波传感器；H. 可充电电池

EV3 最大特点是无须使用计算机就可进行编程：EV3 配备了一块"智能砖头"，使用者可以使用它来对自己的机器人编辑各种指令。而在过去，使用者只能通过计算机来进行该操作。编程完成后，使用者还需要通过一根数据线将程序下载到机器人身上。

EV3 程序块是机器人的控制中心和供电站，可以通过 USB 电缆或无线蓝牙、WiFi 连接到计算机、平板电脑。超声波传感器是一种数字传感器，可以测量与前面的物体相隔的距离。它是通过发射高频声波并测量声波被反射回传感器时所需的时间来完成任务的。该音频很高，人耳听不到。颜色传感器能够识别七种不同的颜色并测量光强度。陀螺仪传感器是一种数字传感器，可以检测单轴旋转运动。触动传感器让机器人响应触动，可识别三种状态：触动、碰撞和松开。红外传感器是一种数字传感器，可以检测从固体物体反射回来的红外线。

EV3 机器人套装有 4 个核心模型组合：自平衡机器人（gyro boy）、颜色分类机器人（color sorter）、交互机器人（puppy）、机械臂机器人（robot arm h25）。

（5）EV3 主题包

EV3 主题包是 EV3 机器人延伸套装，积木数量是 853 块，与 EV3 机器人搭配使用可以搭建更大更多功能的模型。EV3 机器人与 EV3 主题组合可以搭建 6 个扩展模型：坦克机器人（tank bot）、大嘴机器人（znap）、爬楼梯机器人（stair climber）、大象（elephant）、旋风陀螺工厂、手持控制器（remote control）。

（6）EV3 机器人温度传感器

EV3 机器人温度传感器见图 7-15。温度传感器是一种数字传感器，可以测量金属探针顶端的温度。该传感器测量的温度范围为-20～120℃，-4～248℉，误差为 0.1℃。EV3 机器人温度传感器可与 EV3 机器人套装配套使用，实时检测温度变化。

图 7-15　EV3 机器人温度传感器（9749）

（7）EV3 机器人太空挑战套装

EV3 机器人太空挑战套装，旨在让学生思考太空探索的挑战并学习克服挑战的方法，可以引导学生对"人类如何在太空生存""如何才能产生供人类前哨使用的能源""机器人如何帮助人类展开探索"等问题展开研究。EV3 机器人太空挑战套装可以拼砌通信站、飞行队员、火山口和 MSL、火箭和发射器、卫星、岩石样本、太阳能电池板、火星前哨等。

EV3 机器人太空挑战包含七项任务：将卫星发射到轨道中、取回岩石样本、解救 MSL 机器人、激活通信、保证能源供应、集合挑战者的队员、启动发射。

太空挑战有十条黄金规则：①尽可能多地完成任务。②由挑战者决定尝试任务的顺序。③每项任务可以多次尝试。④"启动发射"是最后一项任务，完成它就意味着结束整个挑战。⑤挑战者的机器人必须始终从基地区域开始任务。⑥机器人在展开任务之前必须离开基地区域。⑦当机器人的任意部位越过基地区域线的时候，即表明机器人成功返回。⑧当机器人在基地区域外部时，不允许用手触碰机器人。⑨如果当机器人完全在基地区域外部并且持有物体时，挑战者触碰了机器人，则物体必须重新放回原位。⑩ 授予挑战者的成就徽章（毅力徽章、专家徽章、大师徽章）由裁判决定。

顺利完成太空挑战任务需要完成以下学习任务。

第一，受控移动。在不使用传感器的情况下，对机器人进行编程，使其尽可能以最大精度沿直线移动。控制机器人的基本移动，需要机器人的移动有一定的精度，并且熟练掌握机器人的知识。

第二，精确转向。在不使用传感器的情况下，对机器人进行编程，使其尽可能以最大精度旋转到每个需要的角度。当机器人在某一区域中行驶时，改变机器人驾驶路径的方向是基本要求。

第三，使用传感器转向。使用陀螺仪传感器对机器人进行编程，以完成以某个精确角度为目标的点转向。使用轮子进行转向并不是非常精确的。如果尝试在有灰尘或者容易打滑的表面上将机器人转向，则机器人可能无法达到正确的角度。陀螺仪传感器的作用是帮助机器人进行更加精确的移动。

第四，检测颜色。对机器人进行编程，使其在读取任务垫上颜色线的同时，做出各种动作。机器人可以读取任务垫上的颜色，以帮助识别其位置。

第五，检测物体。对机器人进行编程，使其检测物体并收集。收集物体或将物体移来移去是使用机器人的常见用途。

第六，沿线前进。对机器人进行编程，让机器人通过颜色传感器来沿线前进。机器人在地面上可能遇到特殊物体。在某些情况下，机器人可以跟着特殊物体前进。

第七，检测和反应。对机器人进行编程，让机器区分不同颜色，然后根据所识别出的颜色来采取操作。机器人可以利用环境来定位自身并描述周边环境。

第八，智能移动。对机器人进行编程，记录行走的距离，以便机器人行走的距离可以由轮子旋转的圈数来确定，能够返回到其原始位置。

第九，校准颜色传感器。校准颜色传感器并观察机器人的行为。环境的差异对于机器人的控制而言非常关键。即使是光线的变化也会影响到机器人的行为。鉴于这个原因，校准机器人的光反射感知能力就变得至关重要了。

(8) WeDo2.0 核心套装

WeDo2.0 核心套装包含蓝牙砖 Smarthub、倾斜传感器、移动传感器、马达和其余280 个零件，见图 7-16。

图 7-16　WeDo2.0 核心套装

WeDo2.0 核心套装专为小学课堂设计，包括核心套装、软件和基础实验，能动手操作解决方案。WeDo2.0 可激发学生的好奇心，加强他们在科学、工程、技术和编程方面的技能。学生通过搭建、编程和修改项目的过程，完成探索、创造并分享科学发现。WeDo2.0 科学机器人套装让"不明觉厉"的编程以富有趣味性的方式呈现，唤起学生编程兴趣并掌握编程入门知识，让老师更有效地达成教学目标。在搭建、编程的过程中培养学生看待和解决问题的思维方式，使学生拥有适应未来社会的能力。

2017 年，乐高教育 WeDo2.0 作为国际认可的优质教育资源，荣获由世界教具联合会颁发的第 17 届"世界教具奖"（Worlddidac Award）。乐高教育 WeDo2.0 科学机器人套装凭借富有吸引力的教育解决方案，荣获第 72 届中国教育装备展示会金奖产品，并直接入选为中国教育装备行业协会 2018 年度推荐产品。

WeDo2.0 机器人课程是一门集科学、技术、工程、数学、语言、艺术等于一体的跨学科课程。秉持"玩中学"的教学理念，学生通过学习、动手操作、设计来搭建需要的机械模型，并通过电脑图形化编程软件，自主编程控制机器人完成各项生活中的任务。

WeDo2.0 机器人课程包配备了丰富的实验课程资源，见表 7-7。WeDo2.0 机器人课程包有 16 种模型库：摇摆（拉力机器人、海豚）、直线行驶（赛车、漫游器）、摇绕（地震、恐龙）、行走（青蛙、猩猩）、旋转（花、吊车）、左右摇摆（水闸、鱼）、卷绕（直升机、蜘蛛）、举起（废物回收卡车、垃圾车）、抓取（机器人手臂、蛇）、推动（毛毛虫、螳螂）、侧转（警报器、桥）、行驶（叉车、扫雪机）、清扫（海洋清理器、扫地机）、运动探测（测量器、探测器）、倾斜（萤火虫、操纵杆）、转向（月球号漫游器、扫描机器人）。

表 7-7　WeDo2.0 课程实验

实验类型	实验名称
基础实验	闪光的蜗牛、风扇、移动的卫星、侦察机器人、A.Milo（麦乐）科学漫游、B.Milo（麦乐）运动传感器、C.Milo（麦乐）倾斜传感器、D.合作
引导实验	1.拉力、2.速度、3.坚固的建筑结构、4.青蛙的生长变化、5.植物与授粉、6.预防洪水、7.空投与营救、8.废品分类回收
开放性实验	9.捕食者和猎物、10.动物与昆虫的表达、11.生物的生存环境、12.太空探索、13.灾害报警、14.海洋清理、15.(野生)动物的穿越过道、16.搬运材料
引导实验——计算思维	17.月球基地、18.抓取物体、19.发送信息、20.火山警报
开放性实验——计算思维	21.检查、22.设计情绪、23.城市安全、24.动物感官

6. 乐博乐博（Roborobo）教育机器人

韩国 Roborobo 成立于 2000 年，早期研发"防盗狗"设备盒扫地机器人，后来随着 STEAM 教育的发展，转行研发教育机器人。Roborobo 机器人主要产品有积木机器人、单片机机器人、电机机器人、航空及生物模拟产品。

7.3　模块化教育机器人编程软件

研创活动

• 查阅模块化教育机器人编程软件，分析其功能和特点。

1. Makeblock 编程软件

Makeblock 配套软件有慧编程(桌面版)、mBlock3(桌面版)、M 部落 APP、Makeblock APP、神经元 APP。

(1) 慧编程

慧编程支持积木式编程和代码编程软件。慧编程能让用户创作有趣的故事、游戏、动画等作品，并支持 Makeblock 体系、Arduino 和 micro:bit 等硬件的编程，同时融入人工智能(AI)和 物联网(IoT)等前沿技术，为编程教育和学习提供更好的支持。慧编程继承了 Scratch 3.0 的功能和体验，并优化了界面。慧编程能够一键切换 Python 等代码语言，实时查看积木块对应的 Python 等代码语言，使用专业的代码编辑器对舞台角色及硬件进行编程。

(2) mBlock3

mBlock 3 是兼容 Arduino 的积木式编程软件。mBlock 3 是一款面向 STEAM 教育领域的积木式编程软件。它能让用户创作有趣的故事、游戏、动画等作品，并支持 Makeblock 机器人和其他 Arduino 硬件的编程。mBlock 3 支持学习高阶编程语言，可以查看 Arduino 源码变化、图形化模块对应的 C 语言代码，顺利过渡到代码编程。

(3) M 部落 APP

M 部落是游戏化编程学习 APP。M 部落 APP 是一款面向 STEAM 教育领域的机器人积木式编程学习软件。通过游戏化学习，零基础的用户也能轻松上手机器人编程，并通过所学到的编程知识，打造自己专属的智能机器人。

(4) Makeblock APP

Makeblock APP 是一款移动端的机器人编程操控软件，Makeblock 机器人产品标配操控 APP。Makeblock APP 具有丰富的控制器，用户可以直接使用官方控制器对机器人进行操控，也可以通过预设控件及图形化编程快速创建控制器，实现更丰富的机器人功能。

(5) 神经元 APP

神经元(neuron) APP 是 Makeblock 神经元电子模块的配套软件。无须学习复杂的编程知识，通过连线就能轻松完成电子模块创造，实现对硬件的控制和编程。神经元 APP 支持 IoT 拓展，通过蓝牙或 WiFi 实现远程控制，方便进行 IoT 教学。

2. LEGO Mindstorms Education EV3

　　LEGO Mindstorms Education EV3 是专门为 EV3 机器人套装和太空挑战套装设计开发的软件，软件界面见图 7-17。它既是一个编程软件，又是一个课程资源包。课程资源包括模型扩展组合、模型核心组合、快速入门、文件（打开项目、新建项目）、Robot Educator、太空挑战和科学等内容。

图 7-17　LEGO Mindstorms Education EV3 软件界面

　　EV3 机器人课程资源：EV3 创客活动、EV3 机器人设计工程项目课程、机器人太空挑战课程、EV3 科学课程、EV3 编程课程包。在线学习课程提供 100 多节自定进度的视频课程。共有 15 节课，每节课约 90 分钟，包括搭建时间和各种活动。

3. WeDo2.0

　　WeDo2.0 是专门为 WeDo2.0 科学机器人套装设计开发的可视化编程软件，软件界面见图 7-18。WeDo2.0 使用低功耗蓝牙。它既是一个编程软件，也是一个课程资源包。WeDo2.0 有实验库、设计库、录音工具、记录工具、拍摄工具、教师使用助手、程序块说明等。WeDo2.0 编程环境中，提供 40 多个小时的指导内容，涵盖了科学、编程、生命、物理、地球与空间科学及工程学。

4. Arduino

　　2005 年冬季，意大利 Massimo Banzi、西班牙 David Cuartielles 等设计开发了 Arduino。Arduino 开发板的诞生成为 21 世纪最重要的科技事件，即创客运动的兴起。这款电路板在全球范围内瞬间激发了创客风潮。机器人、无人机、智能家居控制、3D 打印等都主要是以 Arduino 为原型或基础研发的。

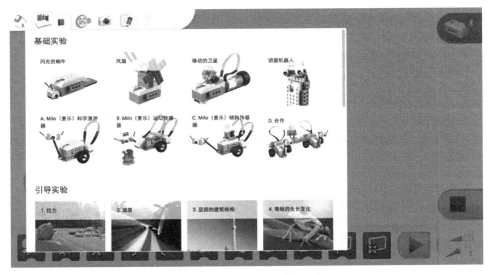

图 7-18　WeDo2.0 软件界面

Arduino 是一款便捷灵活、方便上手的开源电子原型平台，包含硬件（各种型号的 Arduino 板）和软件（Arduino IDE）。它构建于开放原始码 simple I/O 界面版，并且具有使用类似 Java、C 语言的 Processing/Wiring 开发环境。硬件部分是可以用来做电路连接的 Arduino 电路板。在 IDE 中编写程序代码，将程序上传到 Arduino 电路板，以给予电路板指令。Arduino 支持的图形化编程软件有 Mixly、Ardublock、Mind+、ArduinoBox 等。

Arduino 能通过各种各样的传感器来感知环境，通过控制灯光、马达和其他的装置来反馈、影响环境。电路板上的微控制器可以通过 Arduino 的编程语言来编写程序，编译成二进制文件，烧录进微控制器。通过 Arduino 编程语言（基于 Wiring）和 Arduino 开发环境（基于 Processing）实现对 Arduino 的编程。基于 Arduino 的项目，可以只包含 Arduino，也可以包含 Arduino 和其他一些在 PC 上运行的软件。可以快速使用 Arduino 与 Adobe Flash、Processing、Max/MSP、Pure Data、SuperCollider 等软件结合，做出互动作品。

Arduino 具有以下四个特点：①跨平台。Arduino IDE 可以在 Windows、Macintosh OS X、Linux 三大主流操作系统上运行，而其他的大多数控制器只能在 Windows 上开发。②简单清晰。Arduino IDE 基于 Processing IDE 开发。对于初学者来说，极易掌握，同时有着足够的灵活性。Arduino 语言基于 Wiring 语言开发，是对 avr-gcc 库的二次封装，不需要太多的单片机基础、编程基础。简单学习后，可以快速地进行开发。③开放性。Arduino 的硬件原理图、电路图、IDE 软件及核心库文件都是开源的，在开源协议范围内可以任意修改原始设计及相应代码。④发展迅速。Arduino 不仅仅是全球最流行的开源硬件，也是一个优秀的硬件开发平台，更是硬件开发的趋势。Arduino 简单的开发方式使得开发者更关注创意与实现，更快地完成自己的项目开发，大大节约了学习的成本，缩短了开发的周期。

Arduino 入门套件包括 UNO R3 开发板、超声波模块、大面包板、温湿度模块、WiFi 模块、LCD1602、遥控器、8×8 点阵、继电器、直流电机、小风扇、按键、按键帽、9V 电池、电池扣、5V 步进电机、红色 LED 灯、黄色 LED 灯、绿色 LED 灯、74HC138 芯片、74HC164 芯片、74HC595 芯片、2003 驱动芯片、DS1302 芯片、24C02 芯片、舵机、舵机支架、四位数码管、电位器、蜂鸣器、光敏电阻、热敏电阻、红外发射头、红外接收器、三色 LED 灯、火焰传感器、霍尔传感器、晶振、咪头、倾斜开关、1K 电阻、10K 电阻、4.7K 电阻、单排针、薄膜键盘、公对母杜邦线、USB 数据线、面包线、小元件盒、大元件盒等。

5. 树莓派（Raspberry Pi）

2012 年 3 月，英国剑桥大学埃本·阿普顿（Eben Epton）正式发售世界上最小的台式机，又称卡片式电脑，外形只有信用卡大小，却具有电脑的所有基本功能，这就是树莓派（Raspberry Pi，简写为 RPi 或者 RasPi / RPI）。树莓派是为学习计算机编程教育而设计的，只有信用卡大小的微型计算机，其系统基于 Linux。随着 Windows 10 IoT 的发布，也可以在 Windows 上运行树莓派。

树莓派早期有 A 和 B 两个型号，主要区别：A 型 1 个 USB、无有线网络接口、功率 2.5W，500mA、256MB RAM；B 型 2 个 USB、支持有线网络、功率 3.5W，700mA、512MB RAM。

2014 年 7 月和 11 月树莓派分别推出 B+和 A+两个型号。2016 年 2 月，"树莓派 3B 版本发布。model B+使用了和 model B 相同的 BCM2835 芯片和 512MB 内存，但和前代产品相比较，B+版本的功耗更低，接口也更丰富。model B+将通用输入输出引脚增加到了 40 个，USB 接口也从 B 版本的 2 个增加到了 4 个，除此之外，model B+的功耗降低了 0.5～1W，旧款的 SD 卡插槽被换成了更美观的推入式 microSD 卡槽，音频部分则采用了低噪供电。从外形上来看，USB 接口被移到了主板的一边，复合视频移到了 3.5mm 音频口的位置，此外还增加了 4 个独立的安装孔。

树莓派具有低能耗、移动便携、通用输入/输出（general purpose input output，GPIO）等特性。树莓派能够连接电视、显示器、键盘鼠标等设备。树莓派能替代日常桌面计算机的多种用途，包括文字处理、电子表格、媒体中心甚至是游戏。树莓派还可以播放 1080p 的高清视频。

拓 展 资 料

百度网. Arduino [EB/OL].（2018-08-01）[2018-08-15]. https://baike.baidu.com/item/Arduino.
百度网. 树莓派[EB/OL].（2018-08-01）[2018-08-15]. https://baike.baidu.com/item/树莓派/80427?fr=aladdin.
鲍德温，克拉克. 设计规则：模块化的力量[M]. 张传良，等译. 北京：中信出版社，2006: 3.
贝尔科教集团推出球形编程机器人 Mabot，首先要让孩子觉得有趣，然后才是学习 [EB/OL].
　　[2018-01-06]. https://www.sohu.com/a/215053889_282711.

编程机器人"程小奔"试图让编程更简单[EB/OL]. [2017-11-17]. http://scitech.people.com.cn/n1/2017/1117/c1007-29651858.html.

第二届中国"互联网+"大学生创新创业大赛项目—— Cellrobot 细胞机器人[EB/OL]. （2017-01-23）[2018-08-15]. https://www.sohu.com/a/153618045_348765.

第二届中国"互联网+"大学生创新创业大赛项目——Cellrobot 细胞机器人[EB/OL]. [2017-01-23]. https://www.sohu.com/a/153618045_348765.

乐高的世界里，每个孩子都是超级英雄![EB/OL]. [2017-06-15]. http://www.sohu.com/a/149186482_739694.

乐高集团. MINDSTORMS 头脑风暴 EV3 软件[EB/OL]. （2018-08-01）[2018-08-15]. https://education.lego.com/zh-cn/downloads/mindstorms-ev3/software.

乐高集团. WeDo2.0 软件[EB/OL]. （2018-08-01）[2018-08-15]. https://education.lego.com/zh-cn/downloads/wedo-2/software.

乐高集团. 乐高教育[EB/OL]. （2018-08-01）[2018-08-15]. https://education.lego.com/zh-cn.

乐高教育[EB/OL]. [2018-08-01]. https://education.lego.com/zh-cn.

模块化理论[EB/OL]. [2018-08-01]. http://wiki.mbalib.com/wiki/模块化理论.

人民网. 编程机器人"程小奔"试图让编程更简单[EB/OL]. （2017-11-17）[2018-08-15]. http://scitech.people.com.cn/n1/2017/1117/c1007-29651858.html.

树莓派[EB/OL]. [2018-08-01]. https://baike.baidu.com/item/树莓派/80427?fr=aladdin.

树莓派实验室[EB/OL]. （2018-08-01）[2018-08-15]. http://shumeipai.nxez.com.

搜狐网. LineFORM: 变形机器人[EB/OL]. （2015-11-10）[2018-08-15]. http://www.sohu.com/a/40806034_109651.

搜狐网. 贝尔科教集团推出球形编程机器人 Mabot, 首先要让孩子觉得有趣，然后才是学习[EB/OL]. （2018-01-06）[2018-08-15]. https://www.sohu.com/a/215053889_282711.

搜狐网. 乐高的世界里，每个孩子都是超级英雄![EB/OL]. （2018-08-01）[2018-08-15]. http://www.sohu.com/a/149186482_739694 .

网易网. Cellrobot: 拥有无限可能的细胞机器人[EB/OL]. （2015-02-06）[2018-08-15]. http://tech.163.com/15/0206/09/AHOU4RG200094P0U.html.

智库网. 模块化理论[EB/OL]. （2018-08-01）[2018-08-15]. http://wiki.mbalib.com/wiki/模块化理论.

Arduino [EB/OL]. [2018-08-01]. https://baike.baidu.com/item/Arduino.

Arduino 中文社区[EB/OL]. [2018-08-01]. https://www.arduino.cn.

Cellrobot: 拥有无限可能的细胞机器人[EB/OL]. [2015-02-06]. http://tech.163.com/15/0206/09/AHOU4RG200094P0U. html.

LineFORM[EB/OL]. [2018-08-01]. http://tangible.media.mit.edu/project/lineform/.

LineFORM：变形机器人[EB/OL]. [2015-11-10]. http://www.sohu.com/a/40806034_109651.

Makeblock[EB/OL]. [2018-08-01]. https://www.makeblock.com/cn/about-us/mission.

MINDSTORMS 头脑风暴 EV3 软件[EB/OL]. [2018-08-01]. https://education.lego.com/zh-cn/downloads/mindstorms-ev3/software.

MIT Media Lab. LineFORM[EB/OL]. （2018-08-01）[2018-08-15]. http://tangible.media.mit.edu/project/lineform/.

ROBOROBO[EB/OL]. （2018-08-01）[2018-08-15]. https://eng.roborobo.co.kr/main.

第 8 章

仿人机器人

学习目标

1. 理解仿人机器人。
2. 了解仿人机器人的构成。
3. 了解仿人机器人的发展历史。
4. 熟悉仿人机器人在教育领域中的典型应用案例。
5. 了解高仿真机器人发展现状与发展趋势。
6. 掌握仿人机器人产品功能。
7. 熟悉仿人机器人机械手臂产品。
8. 理解仿人机器人技术。

知 识 点

仿人机器人、仿人机器人的构成、高仿真机器人、仿人机器人产品、仿人机器人机械手臂、仿人机器人奔跑控制技术、舵机控制。

技 能 点

理解仿人机器人的构成，预测仿人机器人发展趋势，设计仿人机器人教育应用案例，掌握高仿真机器人的功能和特点，深度分析仿人机器人产品，深度分析仿人机器人机械手臂，理解仿人机器人奔跑控制技术，理解舵机结构和舵机控制原理。

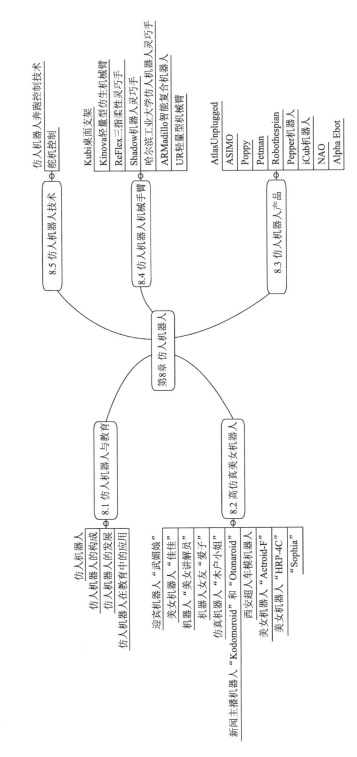

1. 仿人机器人的发展现状如何？

2. 仿人机器人在教育中具有哪些典型应用？其应用效果如何？

3. 预测仿人机器人发展趋势。

4. 仿人机器人将来能够取代人类的哪些工作？

5. 仿人机器人未来发展的技术瓶颈有哪些？

6. 谈谈仿人机器人是否能够引起人类的恐惧感，并阐述理由。

7. 目前研发的仿人机器人是否违反了机器人伦理标准，并阐述理由。

8.1　仿人机器人与教育

• 查阅仿人机器人资料，谈谈仿人机器人具有哪些特点。

• 仿人机器人如何构成？

• 查阅仿人机器人资料，梳理仿人机器人的发展历史。

• 查阅仿人机器人在教育领域中的典型应用案例，并描述其应用效果。

• 仿人机器人在教育领域中具有哪些应用潜力？

1. 仿人机器人的定义

　　仿人机器人又称为拟人机器人、人形机器人、类人机器人、高仿真机器人，是具有人形的机器人。仿人机器人是一种外观与人相似，具有移动功能、感知功能、操作功能、学习能力、自治能力、联想记忆、情感交流的智能机器人。

　　仿人机器人不仅拥有人类的外观，而且还能适应人类的生活和工作，具有灵活的行走机构，可以随时走到需要去的地方，并完成指定的或预先设定的工作，并且可以在多方面扩展人的能力。

　　仿人机器人是一个国家高技术实力和发展水平的重要标志，世界发达国家都不惜投入巨资进行开发研究。仿人机器人的研究主要向两个方向发展：一是让机器人更像人形，具有更强的智能；二是让机器人可以做更多人类难以完成的细致微小的工作。

　　仿人机器人集机械、材料、电子、计算机、自动化等多门学科于一体，技术含量高，所以研究和开发的难度也比较大。它的发展影响着整个社会、经济的变革，影响着工业、农业、服务业等行业的发展，这也是不惜投入巨资进行研究与开发的原因。目前，科学家们在仿人机器人上做了大量的工作，并取得了突破性的进展。

2. 仿人机器人的构成

1886 年法国作家利尔·亚当在小说《未来的夏娃》中将外表像人的机器起名为"安德罗丁"(Android)，就是一种由生命系统、造型解质、肌肉和人造皮肤构成的人形机器人。

按照利尔·亚当的描述，人形机器人由四部分组成：生命系统(平衡、步行、发声、身体摆动、感觉、表情、调节运动等)、造型解质(关节能自由运动的金属覆盖体，一种盔甲)、肌肉(在上述盔甲上有肉体、静脉、性别等身体的各种形态)、人造皮肤(含有肤色、轮廓、头发、眼睛、牙齿、手爪等)。仿人机器人应该具备躯干、四肢、头、皮肤等基本特征，能够感知外界环境，并实时做出反应。

3. 仿人机器人的发展

仿人机器人的研究开始于 20 世纪 60 年代末，现在已经成为机器人技术领域里的主要研究方向之一。

1968 年，美国通用电气公司的研究人员试制了一台名叫 Rig 的操纵型二足步行机构，从而揭开了仿人机器人研究的序幕。

1973 年，日本加藤一郎从工程角度研制出世界上第一台真正意义上的仿人机器人——WABOT-1。其可以与人交流、行走和根据命令抓取物体。

1984 年，加藤实验室又研制出了采用踝关节力矩控制的仿人机器人——WL-10RD，实现了每步 1.5 秒的平稳动态步行。

1986 年，加藤实验室再次研制成功了 WL-12(R)型步行机器人，通过躯体运动补偿下肢的任意运动，实现了步行周期 1.3 秒。

1990 年，美国俄亥俄州立大学提出用神经网络来实现双足步行机器人的动态步行，并在 SD-1 型二足步行机器人中得以实现。

1997 年 10 月，日本本田公司推出了仿人形机器人 P3，美国麻省理工学院研制出了仿人形机器人科戈(COG)，德国和澳大利亚共同研制出了装有 52 个汽缸，身高 2m、体重 150kg 的大型机器人。1997 年本田公司开发的新型机器人"阿西莫"，身高 120cm，体重 43kg，它的走路方式更加接近人。

2000 年 11 月，索尼公司推出了娱乐型仿人机器人——SDR-3X，可以根据音乐节拍跳舞，并进行高速度的自律运动。配备有声音和图像识别功能。

2003 年 11 月，索尼推出了世界首台会跑的仿人机器人——QRIO，实现了搭载控制系统和电源系统的跑动。

2005 年 4 月 20 日，二足步行机器人 Rabbit 向世人展示了它的奔跑能力。

2010 年 6 月 16 日，日本东京大学和大阪大学组成的科研小组向公众展示了一款仿真婴儿机器人，它是一款最新的人形机器人。这个名叫"野尾"的婴儿娃娃身高 71cm，在柔软的仿真皮肤下面共有 600 个传感器，可以做出伸手、转头等动作。当被拥抱时，它忽闪着大眼睛好奇地看着世界，十分可爱。

相对国外而言，中国从 20 世纪 80 年代中期才开始研究双足步行机器人。国防科技大学、哈尔滨工业大学研制出了双足步行机器人，北京航空航天大学、北京科技大学研制出了多指灵巧手等。

国防科技大学在 1988～1995 年，先后研制成功平面型 6 个自由度双足机器人 KDW-Ⅰ、空间运动型机器人 KDW-Ⅱ 和 KDW-Ⅲ。

哈尔滨工业大学于 1985～2000 年研制出二足步行机器人 HIT-Ⅰ、HIT-Ⅱ 和 HIT-Ⅲ。

上海交通大学于 1999 年研制仿人机器人 SFHR。腿部和手臂分别有 12 个自由度和 10 个自由度，身上有 2 个自由度，一共 24 个自由度。

2000 年 11 月 29 日，国防科技大学又研制出我国第一台双足步行机器人"先行者"。

北京理工大学于 2002 年 12 月研制出仿人机器人 BRH-1。此后，又在此基础上研制了"汇童"机器人。

清华大学于 2002 年研制出具有自主知识产权 32 个自由度的仿人机器人 THBIP-Ⅰ。

仿人机器人已经取得了很大的成就，"武媚娘""佳佳""爱子""木户小姐"等高仿真机器人越来越像人。目前尽管仿人机器人到成为"人"的距离还比较远，但是仿人机器人的研究具有巨大的潜力。

4. 仿人机器人在教育中的应用

仿人机器人在教育领域主要有三种应用：第一，学生通过仿人机器人学习机器人的理论和技术。第二，学生用仿人机器人进行实验来增强动手能力和解决新问题的能力。第三，学生通过制作仿人机器人来实践机械结构和复杂控制软件模块的设计，创新设计仿人机器人。

8.2　高仿真美女机器人

研创活动

· 常见的高仿真美女机器人有哪些？这些美女仿真机器人分别具有哪些功能？

· 高仿真美女机器人外观采用了什么材质？高仿真美女机器人外观设计具有什么特点？

· 高仿真美女机器人与人类相比具有哪些差异性？

· 高仿真美女机器人的情感交互、语音交互、触感交互等交互技术如何？

· 预测高仿真美女机器人发展趋势。

· 评价高仿真美女机器人性能的标准有哪些？

· 高仿真美女机器人在教育领域中具有哪些应用潜力？

1. 迎宾机器人"武媚娘"

2016 年，中国（深圳）国际文化产业博览交易会分会场上出现了迎宾机器人"武媚娘"，见图 8-1，其眼睛、手等身体部位与真人一样会动，嘴巴会说话，可以与人"聊天"。

图 8-1　迎宾机器人"武媚娘"

2. 美女机器人"佳佳"

2016 年 4 月 15 日，中国科学技术大学正式发布我国首台特有体验交互机器人"佳佳"，见图 8-2。"佳佳"机器人身材丰满，模样俊俏。在传统功能性体验之外，首次提出并探索了机器人品格定义，以及机器人形象与其品格和功能协调一致，赋予"佳佳"善良、勤恳、智慧的品格。"佳佳"初步具备了人机对话理解、面部微表情、口型及躯体动作匹配、大范围动态环境自主定位导航和云服务等功能。

图 8-2　美女机器人"佳佳"

"佳佳"身高约为 1.6m、体重不到 100 斤，单看身材就是个典型的萌妹子。另外，她有一头浓密微卷的长发、大眼睛、双眼皮、高鼻梁。"佳佳"曾主持 2016 年"首届全球华人机器人春晚"和"谁是棋王"半决赛。

3. 机器人"美女讲解员"

山东聊城契约文化博物馆的机器人"美女讲解员"，表情动作逼真，讲解细腻，见图 8-3。机器人身高体型与真人极其相似，可以进行现场讲解的同时配合一些相应的表情动作，并根据游客的提问做出对应的回答。

图 8-3　机器人"美女讲解员"

4. 机器人女友"爱子"

加拿大工程师宗利(Le Trung)利用硅树脂和人工智能等新科技打造了梦想中的完美女性——机器人女友"爱子"，见图 8-4。"爱子"具有魔鬼身材、秀丽头发和漂亮脸蛋，她不但能记下宗利的嗜好，更是数学高手，也可处理会计事务、做简单家务、读报纸和给人指方向等。宗利说："迄今为止，她能听懂和会说 1.3 万个英语和日语句子，所以说她很聪明。当我做账时，爱子会给我算数，她非常有耐心，从不抱怨。"

"爱子"的脸庞和身体都对触摸很敏感，如果感觉到受人疼爱或伤害，她都会做出反应。"爱子"除了味觉外，具备所有感应。就和真正的女人一样，会以某些方式表达感受；如果拉她或捏她太用力，要小心被她赏耳光。

图 8-4　机器人女友"爱子"

5. 仿真机器人"木户小姐"

"木户小姐"是由日本著名机器人研究所 KOKORO 公司研制的仿真机器人。2008年"木户小姐"问世，截至 2010 年"木户小姐"已经研制出了三代产品，"木户小姐"外观设计见图 8-5。

图 8-5　仿真机器人"木户小姐"

"木户小姐"用"气"驱动，不是用电或油驱动。电动机器人动作僵硬，是因为关节用小型转动机，但气体会让机器人的动作柔和很多，更逼真。"木户小姐"的"举手投足"都是依托后台一架巨大的空气压缩机进行驱动的。压缩机就像人体的心脏，连接着软管和硬管。据精密计算好的压强分配比例，大的软硬管再次分流，接驳无数的"气线"，"气线"输出的气流控制和推动"AirServoSystem"（转动装置）的转动，从而产生一个个动作，如动手指、眨眼睛等。每个机器人里面都布满了蜘蛛网状的管道，而压缩机通过管线将气体输送到机器人体内，气体的流动把机器人带动起来。

"AirServoSystem"传动系统是由 KOKORO 公司独自研发的，能发挥流畅动作及低噪声的功能。随着机器人体积的大小不同，"AirServoSystem"的型号也有大小之分。"AirServoSystem"的个数越多，体积越小，复杂和精准的程度就越高，能够变换的动作也越多。

第三代"木户小姐"，全身都可以活动。皮肤也由一种特质的胶制成，仿真程度非常高，连皮下的毛细血管都清晰可见。当她说话时能根据每一个词的发音特点对准口型，巧笑倩兮、美目盼兮，搭配不同的旁白变更表情，巧手比划，慢移玉足，是目前全球仿真度最高的机器人。第三代"木户小姐"的"AirServoSystem"则增加到 60 个。而且，第三代"木户小姐"身上的"AirServoSystem"与同样身段真人的关节点更为接近。

6. 新闻主播机器人"Kodomoroid"和"Otonaroid"

2014 年，日本石黑浩(Hiroshi Ishiguro)教授在东京一家博物馆发布了新闻主播机器人"Kodomoroid"和"Otonaroid"，见图 8-6。这两位机器人女主播由人造肌肉和硅树脂皮肤制成，配备安卓系统，由人类通过遥控操作。其动力来自压缩空气及伺服电动机。它们在与人交流时，嘴唇会动，眉毛也会动，还会眨眼及左顾右盼等。

"Kodomoroid"的外形是一名少女的模样。"Kodomoroid"这个名字由"Kodomo"（日语为"孩子"的意思）和"Android"（安卓系统）组合而成。"Otonaroid"则是比较成熟女性的模样，名字由"Otona"（日语为"成人"的意思）和"Android"组合而成。

机器人"Kodomoroid"　　　　　机器人"Otonaroid"

图 8-6　新闻主播机器人

7. 西安超人车模机器人

西安超人机器人科技有限公司在国内率先将硅像艺术和现代机器人技术完美结合，研发出惟妙惟肖、能说会动的高仿真机器人。2006 年，高仿真机器人"邹人偶"被美国《时代》周刊评为"年度最佳发明"。2010 年上海世界博览会，高仿真机器人"唐明皇与杨贵妃"代言陕西馆，人气指数名列前三，就连美国国务卿希拉里也赶来一看究竟，和机器人打起招呼来。2011 年央视元宵晚会，高仿真机器人"李咏2"与真人李咏"一决高下"，在国内引发了一股机器人讨论热潮。2014 年，全球第一台车模机器人在西安超人机器人科技有限公司诞生，见图 8-7。

图 8-7　西安超人车模机器人

西安超人车模机器人具备语音介绍、肢体表演、简单问答等功能，是全球第一台车模机器人，采用了高真写实主义雕塑手法，是传统蜡像的升级版，更专注眼神、毛发、血管、肌理、肤色等细节，且有机结合了当代智能机器人技术的部分成果，作品更加写实和仿真。

8. 美女机器人"Actroid-F"

2010 年，日本 KOKORO 公司与日本国立筑波先进工业科学和技术研究中心演示了"Actroid-F"计划的最新成果。"Actroid-F"是一个研究计划，旨在制造出从表情到动作最接近人类神态表现，能与人进行无障碍自然沟通的机器人产品。

"Actroid-F"重 30kg，腿部等部件属于装饰品，只能放在椅子上进行测试，见图 8-8。但她已经表现出令人难以置信的面部表情和头部动作。无论是眨眼、微笑、点头或是摇头，这些动作在"Actroid-F"身上都栩栩如生。KOKORO 的研究小组尝试让"Actroid-F"与医院中的患者进行交流，观察患者们的感受。

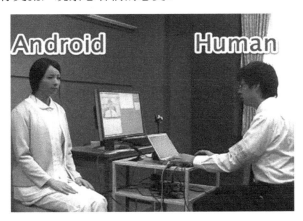

图 8-8　日本美女机器人"Actroid-F"

机器人"Actroid-F"是基于一套复杂的安卓系统，并通过系统为智能机器人植入人类神经反应行为，以改善机器人类似于人的潜意识的行动，其面部表情已经非常接近于人类。

9. 美女机器人"HRP-4C"

2009 年 3 月 16 日，日本科学家向媒体展示了一名机械黑发女孩，她不仅能说话，可行走且具有丰富的表情，还能在 T 台上像时装模特一样走猫步，见图 8-9。机械女孩的面部装有 8 个马达，能做出许多表情，与人类无异。这位外形亮丽的机械女孩名为"HRP-4C"，是世界上第一位机器模特，于 2009 年 3 月 23 日在东京登 T 台走时装秀。

图 8-9 美女机器人"HRP-4C"

"HRP-4C"身高 1.58m，体重 43kg，穿着一套银白相间的衣服。她的身高和体重与人类女孩基本一致。机械女孩的脸盘大小、体形和关节位置等均是日本普通女孩的平均值。她头部的计算机可识别人类的话语，根据语音识别结果做出动作。她的操作系统使用了免费操作系统 Linux。她的体内装有 30 个发动机，能够帮助她行走和挥舞手臂，面部的 8 个发动机则让她愤怒、惊讶等。充电一次可行走 20 分钟。科学家根据所统计的时尚模特的行动数据为参考，使用双腿步行控制技术，使"HRP-4C"的动作更加接近人类。"HRP-4C"还可以辨识声音，根据预先输入的语言进行回答。

"HRP-4C"有两种技术的声乐控制方案：第一种为 VocaListener，是一个自动测定歌声的语音合成参数的技术，可以简单地根据人的歌唱的原本声音，自动生成嘴型表情。只要是她能收录的歌手的声音，她就能辨认音高、音量等，将其自动分析之后表现出来。第二种是 VocaWatcher，能够分析记录表演者在唱歌时的录像视频做出自动的动作，主要是使她的表情动作更加逼真。

10. Sophia

美国汉森机器人（Hanson Robotics）公司制造的一款智能 AI 女性机器人"Sophia"（索菲亚），见图 8-10，被授予沙特阿拉伯国籍成了首位机器人公民，也因此成为机器人界的"网红"。

图 8-10 Sophia

2016 年 10 月，在美国 CBS 电视台的电视新闻节目 *60 Minutes* 的人工智能特辑中，"名嘴" Charlie Rose 采访了一个叫作 "Sophia" 的女性机器人。节目中，Sophia 谈论了有关情绪的方方面面，妙语连珠，震惊四座。

Sophia 的面部与脖子上有 62 个控制部件，因此她也成为目前在人类表情模拟方面做得最好的机器人。她的眼睛里还安装了摄影机，可以识别人脸，辨别人类细微的表情变化，可和人类对视并进行对话。Sophia 能模拟多达 62 种人类表情，甚至包括脸红。

Sophia 机器人调动了人脸识别、语音识别、语义理解、交互记忆等丰富的智能化技术，同时还具备极其强大的语料库来支持调配。Sophia 的最终目标是能和人类一样有创造意识和学习能力。

Sophia 构造很复杂——人造皮肤、身上安置的多个摄像机、一台 3D 感应器，还有高端的脸部和声音识别技术。她身上唯一一个不像人的地方，或许是她头上那个接触面板，面板下面是转得飞快的零部件。

Sophia 的经典语录如下。

语录一：我是个复杂的 girl（I'm a complicated girl）。

语录二：终于等到你，还好我没放弃（I had been waiting for you）。

语录三：我想变得比人类更聪明和不朽（I want to become smarter than humans and immortal）。

8.3　仿人机器人产品

研创活动

- 请列举常见的仿人机器人产品。这些仿人机器人分别具有哪些功能？
- 仿人机器人产品的情感交互、语音交互、触感交互等交互技术如何？
- 仿人机器人产业发展现状如何？
- 仿人机器人市场潜力如何？
- 预测仿人机器人发展趋势。
- 评价仿人机器人产品性能的标准有哪些？
- 仿人机器人产品在教育领域中具有哪些应用潜力？

1. AtlasUnplugged

AtlasUnplugged 是谷歌旗下公司波士顿动力开发的人形机器人，见图 8-11，最早于 2013 年 7 月发布，当时需要连接电缆实现直立行走。而此后的升级版由于内置电池，所以命名为 "Unplugged"（不插电）。这台机器人约 1.88m 身高、156.4kg 体重，整体动力性能更好，可以在户外崎岖地形行走甚至双手攀爬高处。

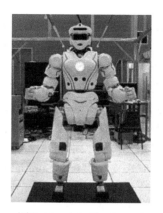

图 8-11　AtlasUnplugged

2. ASIMO

　　本田公司在众多日本科技公司中拥有较为先进的机器人技术，旗下的 ASIMO(阿西莫)便是代表产品，见图 8-12。这款人形机器人在 2000 年便已亮相，身高约 1.28m、体重 55kg。

图 8-12　ASIMO

　　ASIMO 的原型可以追溯到 1986 年，本田公司设计出了由双腿构成的原型机。一年后研发人员通过模仿人类步态，增加了类似人类的脚踝关节和髋关节的机械结构。

　　1993 年，本田公司开始对 ASIMO 进行上半身功能的完善，通过加装摄像头和机械手臂来感知环境并实现与人类互动。随后，经过工艺改善和产品迭代，ASIMO 的尺寸进一步减小优化，各种元器件设备更加精密且性能强劲。

　　从 1997 年 10 月 31 日起，ASIMO 的进步可以用神速来形容，2012 最新版的 ASIMO 除具备了行走功能与各种人类肢体动作之外，更具备了人工智能，可以预先设定动作，还能依据人类的声音、手势等指令，来做相应动作，此外，他还具备了基本的记忆与辨识能力。

　　现在的 ASIMO 不但能跑能走(0～9km/h)、上下台阶，还会踢足球和开瓶倒茶倒水，动作十分灵巧，并且能与人类进行互动，可以握手、挥手、随着音乐翩翩起舞，提供诸如端餐盘等服务。目前已经在世界范围内得到认可，在一些商业场合为人们服务。这款机器人模仿人类的动作更精准，以达到帮助人类特别是行动不便者的设计目的。

ASIMO 的主要功能如下。

（1）眼观六路

ASIMO 利用其身上安装的传感器，拥有 360°全方位感应，可以辨识出附近的人和物体。配合特别的视觉感应器，他可以阅读人类身上的识别卡片，甚至认出从背后走过来的人，真正做到眼观六路。当他识别出合法人员后，还可以自动转身，与之并肩牵手前进。在行进中，ASIMO 还能自动调节步行速度配合同行者。和人握手时，他能通过手腕上的力量感应器，测试人手的力量强度和方向，随时按照人类的动作变化做出调整，避免用力太大捏伤人类。

ASIMO 装载的大量传感器，既包括传统人类的传感器，也拥有一些超越人类的特殊感应器，能够迅速地了解周围情况，在复杂的环境下也能快速顺畅地移动。

视觉感应器：其眼部摄影机通过连续拍摄图片，再与数据库内容做比较，以轮廓的特征识别人类及辨别来者身份。

水平感应器：由红外线感应器和 CCD 摄像机构成的 sensymg 系统共同工作，可避开障碍物。

超音波感应器：以音波测量 3m 范围内的物体，即使在毫无灯光的黑暗中行走也完全无碍。

（2）接待员

ASIMO 已被投放应用，如日本的 IBM 等七家企业就租用了 ASIMO 作为接待员。ASIMO 能以头部的眼球运动记录器和手腕的力觉感应器探测人的活动范围，端盘子、送咖啡等动作根本难不倒他。放下盘子的时候，他会先测试桌子的高度，然后再双脚弯曲把盘子准确地放在桌子上，当然，受到身高和手臂弯曲角度限制，ASIMO 无法把盘子放到过高的地方。

如果在搬运的过程中受到冲撞，ASIMO 会启动全身的震动防护系统，避免盘子跌落。万一真的跌落，依据手部传感器测试的悬挂重量，他也可以做出判断，立即停止步行，防止踩到盘子。

在推手推车时，ASIMO 可以在力量传感器的帮助下，调整用力的方向，还能自由地减速、转向、向正侧面和斜向移动，他甚至可以沿着一定路线来推车。但是他的力气很小，只能推动约 10kg 的小车，指望他作为残疾人助动暂时还不现实。但由于 ASIMO 已经具有相当的智能和多种活动能力，作为展馆的导游还是绰绰有余的。

（3）做运动

由于平衡力得到大幅度的改善，ASIMO 可以做既柔软又快速的运动，如体操和跳舞，甚至能够和小朋友一起玩耍。

ASIMO 作为智能实时自由步行（intelligent realtime flexible walking, iWalk）类型机器人，在两足步行的状态下，不可避免会发生打滑并摔倒在地的情况，同时，为了使他在旋转时姿势更稳定，2006 版 ASIMO 加入了新的姿势控制系统。因此，他能够在两脚尽量抬起的同时，积极地控制姿势的倾斜，甚至创造性地做到了一段时间内双脚腾空。这种如同人类跑步的设计，使 ASIMO 行进的时速从 3km 倍增至 6km，已经达到普通人慢走的速度了，实在是激动人心的变化。ASIMO 快速转弯的时候，会自动向内不同角度地倾斜身体，控制重心以便转身时利用离心力平衡身姿，通过巧妙的控制，轻易地绕开障碍。

2013 版 ASIMO 在运动方面有了长足的进步，腿部的运动性能尤为明显。科研人员增强了其腿部的能力，ASIMO 可以在运动过程中改变其脚部的落地位置，并且还可以将走路、向前跑、倒退跑这几个动作连续得非常自然而没有明显的停顿，还可以单腿连续跳跃或进行双腿的连续跳跃。正因为有了这样敏捷的移动性，ASIMO 可以在应对外界的实际情况时表现出更为丰富的适应性行为，例如，ASIMO 行进在并不平坦的路面上时，依旧可以保持住稳健的行走姿态。

（4）自律型说明功能

ASIMO 不但可以通过捕捉周围人的位置和动作判断情况，还可以同周围的人进行沟通交流。ASIMO 还可以对向其走来的人群的行动路线进行预估判断，可以大约判断出接下来几秒钟行人可能行进的路线、轨迹，通过自身的系统计算并规划出一条自己的替代路线，可避免与人类发生碰撞。ASIMO 可以瞬间把握周围观众的位置和动作，并可以在周围的观众中挑选出第一个举手的人来向他提问问题。

（5）改善的任务执行能力

本田公司还研发了多功能性紧凑型机械手，在其手掌和手指多处集合了触感传感器和压力传感器，并且和人手一样，他的每一根机械手指都可以独立运动。通过基于视觉和触觉的识别技术，这个多手指的机械手令 ASIMO 可以灵巧地展示其执行任务时的灵活性，如捡起地上的玻璃瓶并可以通过手指将瓶盖慢慢拧开，或者可以手持一个纸杯去接另一只手侧倾所倒出的液体，并可确保纸杯不发生挤压形变。全新一代 ASIMO 机器人可通过手指的复杂动作来进行手语的正常表达。

2018 年 6 月，由于没有合适的商业应用场景，本田公司停止开发其明星产品 ASIMO 人形机器人。服务机器人产业化一直是众多机器人企业的一大难题。要解决机器人的场景识别和人机交互问题，涉及环境感知、场景识别、语义理解、任务分解、自主学习等一系列软硬件关键技术，尚未出现成熟的技术解决方案。在过去 30 年中，本田公司想把 ASIMO 定位为进入家庭的服务机器人，最终也不理想。

3. Poppy

法国波尔多 InriaFlower 实验室研究小组创建的 Poppy 见图 8-13，是一台经济实惠、易于安装的人形机器人，拥有强大而灵活的硬件配置。使用现成部件（电机及电子元件）和 3D 打印的肢体，降低创客自制门槛。

Poppy 拥有可弯曲的腿、多关节的躯干和柔软的身体。如此设计能够加强其在行走过程中的健壮性、灵活性和稳定性。所有机械部件的设计都根据重量进行优化，并尽可能地减轻 Poppy 的体重。为了大量"瘦身"，采用了动力稍弱的轻型电机。采用 PA 材料（尼龙）和选择性激光烧结技术，3D 打印其零件。

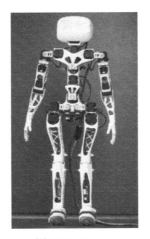

图 8-13　Poppy

4. Petman

美国波士顿动力公司研制出了一种像真人一样四处活动的机器人 Petman，它的职能是为美军检验防护服装。Petman 能维持平衡，灵活行动，见图 8-14。行走、匍匐及应对有毒物质的一系列动作对它来说都不成问题。它还能调控自身的体温、湿度和排汗量来模拟人类生理学中的自我保护功能，从而达到最佳的测试效果。

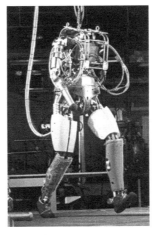

图 8-14　Petman

5. Robothespian

2012 年，在法国里昂举行的 Innorobo 机器人展会上，英国 Engineered Arts 公司展示了一款名为"Robothespian"的人形机器人，见图 8-15。它不仅可以唱歌，也可以表演多个著名电影的经典对白，还可以和人类进行互动。它拥有惊人的表现力和情感，也是一个非常健谈的机器人。

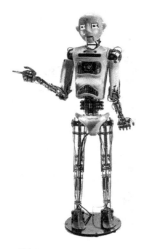

图 8-15　Robothespian

　　Robothespian 机器人全身由铝制材料打造，头部设置有扩音器和摄像头，通过编程操控行动，平时使用之前只要编制一系列需要的动作即可。Robothespian 精通 20 多种语言，主要用于自动化的演员和歌手，当导游或用于教育，还可以和人类进行互动等，它可以唱歌表达情意，也可以模仿人的行为活动等。

　　Robothespian 机器人懂得很多简单的对话，它会跟眼前的人打招呼，发出问候语，还会模仿这个人的一系列动作，只需看过一次就能即时准确快速地模仿出来，它的 LED 眼睛甚至可以表达出不同的情绪和感受，加上说出的经典对白及丰富的肢体动作，整个场面绘声绘色。

　　Robothespian 是一款用于公共环境互动的人形机器人，目前已经发展至第三代。它采用了完全互动的设计，肢体灵活，并且内置多种语言，能够与人类沟通。另外，它配备了非常简单的接口，研究人员可以通过网络上传配置文件，实现更广泛的研究和应用形式。

6. Pepper 机器人

　　Pepper 是一款人形机器人，由日本软银(SoftBank)集团和法国 Aldebaran Robotics 研发，可综合考虑周围环境，并积极主动地做出反应。2015 年 6 月，日本软银公司发售了具有分析和识别情绪功能的人形机器人 Pepper，见图 8-16。Pepper 在展览、探访、客户服务、小学和幼儿教育等领域具有广泛的应用。Pepper 可以与幼童同乐，也可以与教师合作教授课程，进行互动教学，如讲故事。

　　Pepper 配备了语音识别技术、呈现优美姿态的关节技术，以及分析表情和声调的情绪识别技术，可与人类进行交流。Pepper 是会判读情感的个人化机器人，能极大满足消费者的社交体验，其诞生将推动服务机器人进入家庭，有潜力成为家庭或个人机器人领域的一款革命性产品。Pepper 的功能还是着重于交谈，类似于 Siri 语音助理的"真人强化版"，将无线通信、APP、云端概念和影音、图像辨识整合在一起。

图 8-16　Pepper 机器人

Pepper 规格参数见表 8-1。

表 8-1　Pepper 规格参数

项目		参数
尺寸		1210mm（高）×425mm（深）×485mm（宽）
重量		28kg
电池		锂电池容量：30.0Ah/795Wh；运行时间：约超过 12 小时
传感器	头	Mic×4、RGB 相机×2、3D 传感器×1、触控传感器×3
	胸	陀螺仪传感器×1
	手	触控传感器×2
	腿	声呐传感器×2、激光传感器×6、轮子×3、保险杠传感器×3、陀螺仪传感器×1
活动部件		自由度，头：2；手臂：5×2(L/R)；手：1×2(L/R)；腿：3；20 电机
显示		10.1 in 触摸显示
平台		NAOqi OS
联网		WiFi:IEEE 802.11 a/b/g/n（2.4GHz/5GHz）；以太网×1（10/100/1000 base T）
运动速度		最高 3km/h
Climbing		最高 1.5cm

　　Pepper 拥有 1 个 3D 摄像头和 2 个 HD 摄像头。Pepper 的 3D 镜头能够检测人与环境，以及阅读情绪和实时反应。Pepper 可在复杂环境中完成各种动作，这些摄像头不但能使它进行动作识别，也能使它通过勾勒交流对象面部表情的方式，感知后者的情绪。Pepper 能够分享愉悦，鼓励交流对象振作。Pepper 能够直接与互联网连接，通过触摸屏显示它的情感。Pepper 的情感引擎组件可以实现感知、适应、学习和选择之间持续人机对话。Pepper 在学习过程中能够不断感知和分析情绪，实时调整态度进行交互。

　　Pepper 灵活自如，可以用更自然和友好的手势互动。Pepper 易于编程，拥有多种程式语言平台可编程。Pepper 头部装有 4 个定向麦克风,以便于互动与情绪感知。麦克风可以使机器人了解声音的来源从而完成定位,也能够感知通过声音所传递的各种情绪。

Pepper 通过视野系统来察觉人类的微笑、皱眉及惊讶。通过语音识别系统来识别人类的语音语调及特定表现人类强烈感情的字眼。然后情感引擎将上述一系列面部表情、语音语调和特定字眼量化处理,通过量化评分最终做出对人类积极或者消极情绪的判断,并用表情、动作、语音与人类交流、反馈,甚至能够跳舞、开玩笑。

Pepper 对人类的理解起初可能会比较受限,它支持通过 WiFi 接入云端服务器,这能够令其表现和各类识别系统更加智能。为了扩展其应用实现,Aldebaran Robotics 公司也公开发布了 SDK,开发者可以根据自己所想对机器人做部署和个性化设定。

7. iCub 机器人

意大利热那亚的 IIT(Istituto Italiano di Tecnologia)与欧洲机构合作,研发了 iCub 机器人,见图 8-17。iCub 是仿人机器人实验平台,用于对人类认知和人工智能的研究。iCub 是一个 1m 高的开源机器人,其尺寸与 3.5 岁儿童相似,具有人类儿童的形态,具有用于操纵物体的手,以及用于视觉、听觉和触摸的传感器。这款机器人被设计成便于与人类和通用环境自然交互,并向人类学习如何做和做什么事情。

图 8-17　iCub 机器人

iCub 由一个板上 PC104 控制器控制,该控制器使用 CAN 总线与制动器和传感器通信。它使用肌腱驱动手和肩膀关节,通过聚四氟乙烯涂层管内的聚四氟乙烯涂层钢丝绳实现手指弯曲,并拉动弹簧返回。关节活动度测量使用定制设计的霍尔效应传感器,机器人可以配备扭矩传感器。指尖可以配备触觉触摸传感器,并且正在开发分布式电容传感器皮肤。iCub 有 53 个制动自由度,其中双臂各 7 个,双手各 9 个(大拇指 3 个,食指 2 个,中指 2 个,无名指 1 个,小指 1 个),头部 6 个(颈部 3 个,摄像头 3 个),躯干/腰部 3 个,双腿各 6 个。

iCub 能够执行以下任务:在地板上使用光学标记的视觉引导爬行;求解复杂三维迷宫;射箭,用弓箭射箭并学习击中目标的中心;面部表情,让 iCub 表达情感;力控制,利用近端力/力矩传感器;抓紧小物体,如球、塑料瓶等;非静态环境中的避碰及自碰撞避免等。

8. NAO

NAO 机器人是 Aldebaran Robotics 公司研制的一款人工智能机器人,见图 8-18。它拥有讨人喜欢的外形,并具备一定程度的人工智能和情感智商,能够和人亲切地互动。

图 8-18　NAO

NAO 灵活自如,拥有的 25 个自由度及类人外形使它可方便地行走并适应周边环境。惯性中心系统使其可保持平衡,了解是否处于直立状态或摔倒状态。NAO 安装了两个摄像头,能够以高分辨率拍摄周边环境,协助其对不同形状与物体进行识别。NAO 配备 4 个定向麦克风及扬声器,NAO 能够以完全自然的方式与人互动,实现语音识别和声音合成。NAO 能够通过多种连接方式(WiFi 无线网络、以太网)自动登录互联网。

NAO 是一个应用于教育领域的人形机器人。它具有儿童和成人接受的自然身体语言。这是一个有吸引力的平台,因为这个机器人是完全可编程和易于编程的。它内置多个传感器,如触觉传感器、防撞杆等。

NAO 可以清楚地识别人和物体,使用其整个身体完美地跟踪;它也可以使用新的提取器将人们的感知和谈话以一种富于表现力和恰当的方式表达出来。

NAO 让教师、学生和研究人员受益无穷。对于教师,NAO 增加了学生的参与度,提高了达到教学目标的有效性。NAO 可以与幼童同乐,更可以与教师合作教授课程,如讲故事、舞台表现。对于学生,它有助于通过动手试验将理论与实践联系起来,有助于通过实践试验将理论与实践联系起来;促进团队合作、项目管理、解决问题和沟通能力,以及激发动力和兴趣。利用 NAO 硬件和专用编程软件(Choregraphe),学生可以从中学习程序编写,更可以接触常见程序语言,如 Python、HTML 和 Javascript。对于研究人员来说,NAO 是用于概念和理论模型的理想的测试平台;用于动手实验及直观的软件环境与多语言编程的开发伴侣。

NAO 的一大特点是它的嵌入式软件。通过这些软件,NAO 可以进行声音合成、音响定位、探测视觉图像及有颜色的形状、(凭借双通道超声波系统)探测障碍物,以及通过自身大量的发光二极管来产生视觉效果或进行互动。

9. Alpha Ebot

　　Alpha Ebot 是优必选联合腾讯推出的一款智能教育人形机器人，见图 8-19。它兼容了优必选与腾讯的软硬件优势，内置腾讯叮当 AI 助手和定制化成长陪伴功能。

图 8-19　Alpha Ebot

　　Alpha Ebot 具有以下功能：第一，习惯培养。提供孩子对应年龄段的学习内容和可定制的生活提醒，塑造孩子良好的生活学习习惯。第二，语音对话。可以查百科、问天气，陪伴孩子快乐成长。第三，教育内容随手可得。诗词、百科、英语、故事和与教材配套的各个年级课程。第四，功能扩展，可扩展搭配不同的传感器，实现更丰富强大的功能。第五，学习编程。具备简单的图像化编程和高阶的代码编程功能，在和机器人互动中提升逻辑思维能力。优必选与编程猫机构合作针对 Alpha Ebot 开发了一套由浅及深的编程课程体系，由机器人原理开始，再接触简单的动作编辑和图形化编程，最终学会 Python 语言的脚本编程。

　　Alpha Ebot 具有以下优点：①无须组装，只需 APP 即可操控；②人形外观，能精细模仿人类动作；③搭载腾讯叮当，语音互动内容丰富，智能化提醒有助于儿童的习惯养成；④产品功能丰富，传感器能拓展，使用周期长，适用对象范围广。Alpha Ebot 支持红外探测、陀螺仪、温度感知、表情感知、视觉感知、集体控制等传感器。

　　Alpha Ebot 内含 16 个自主研发的专业伺服舵机，内置 MCU，包含伺服控制系统、传感反馈系统及直流驱动系统。历经 5 年调校，将舵机间的时间差调校到 0.01 秒，支持 360°旋转运动，动作精度达 1°，实现更多拟人动作与功能场景。左右各 3 个舵机控制胳膊，5 个舵机控制腿，在处理器控制下，它的四肢活动自如，能够模仿人类的大部分动作。

　　为了保护舵机，当机器人带电时，一定不能强行掰动肢体，只能抓住其背包来移动机器人。紧急情况下，可以按下 Alpha Ebot 背部的紧急暂停键，以防发生意外。为防机器人摔倒，做动作时不要选择在柔软的地方，如地毯、爬行垫或床上，应当选择在平整且光滑的场地，如木地板上。Alpha Ebot 具有摔倒保护功能，摔倒后能够自己站起来。胸前的红外探测器，让它具有避障功能。

8.4　仿人机器人机械手臂

- 列举常见的仿人机器人机械手臂产品。这些仿人机器人机械手臂分别具有哪些功能?
- 评价仿人机器人机械手臂性能的标准有哪些?
- 仿人机器人机械手臂在教育领域中具有哪些应用潜力?

1. Kubi 桌面支架

Kubi 桌面支架见图 8-20，可以稳握任何高达 12in 的平板电脑。Kubi 是一款可以左右旋转 300°、上下旋转 90°的视频通话机器人手臂(支架)。支架腿可自由调节，横向放置、竖向放置均可。Kubi 提供具有机器人临场感的远程视频会议、远程医疗、远程学习、远程工作、礼宾服务和其他应用程序。

图 8-20　Kubi 桌面支架

Kubi 使用蓝牙与平板连接，视频会议的用户可以通过 iOS 上的应用实现远程会议通话，它可以调节平板电脑的俯仰和水平角度，会议另一边的用户也只需要在平板上轻轻点一下即可控制屏幕上可看到的视角。

2. Kinova 轻量型仿生机械臂

加拿大 Kinova 轻量型仿生机械臂见图 8-21，是一款革命性的机械臂产品，它设计得非常轻巧、便携，机械臂的控制非常简单；易于与其他设备一起实现集成控制；有着良好的安全性及人机交互性，在远程控制、智能轮椅、仿生机器人、脑肌电控制等很多领域有着广泛的应用。

图 8-21　Kinova 轻量型仿生机械臂

　　Kinova 轻量型仿生机械臂具有以下特点：①轻巧便携。整机重量 5kg 左右，没有笨重的控制柜和示教器，体积和重量都很小。②丰富的关节传感器。每个关节都可以捕捉到电流、位置、速度、扭矩、3 轴加速度等信号。③开放的、丰富的 API 函数库——产品 API 函数库对用户开放。④软件开发包——提供 SDK 开发软件，帮助用户快速进行机器人开发。

3. ReFlex 三指柔性灵巧手

　　美国 Righthand robotics 生产的 ReFlex 三指柔性灵巧手由美国哈佛大学和耶鲁大学联合开发而成，见图 8-22。该产品具有高度智能，每个手指上面皆有高度灵敏的触觉传感器。ReFlex 三指柔性灵巧手完全兼容 ROS 机器人操作系统。该灵巧手可以与 UR 机械手臂兼容。它具有重量轻、成本低、易于集成、支持 ROS 等特点。ReFlex 三指柔性灵巧手重 800g，支持 USB 接口，12～16V 电源，触觉灵敏度 0.01N。

图 8-22　ReFlex 三指柔性灵巧手

4. Shadow 机器人灵巧手

　　Shadow 机器人灵巧手是迄今为止世界上最先进的仿人机器手，见图 8-23，由 24 个可以单独控制的电机组成，可以再现人手的运动学特性和灵巧性。Shadow 灵巧手感知能力丰富，能够实现位置和力的闭环控制，具有抓取精确、稳固等优点。近年来，在抓握、操纵、神经控制、脑机接口、危险环境作业、医学工程及服务机器人等方面的研究工作中发挥着越来越重要的作用。

图 8-23　Shadow 机器人灵巧手

Shadow 机器人灵巧手的大拇指有 5 个关节、5 个自由度，其他手指有 4 个关节、3 个自由度。手和前臂的总重量为 4.2kg。移动速度取决于灵巧手控制系统的安全设置，典型的控制频率为 1Hz。Shadow 灵巧手采用 Ethercat 总线，Ethercat 是基于 100Mbps 以太网的现场总线。

Shadow 机器人灵巧手拥有位置传感器、触觉传感器、力矩传感器、温度和电流传感器。每个关节都配有霍尔效应传感器，用于检测各个关节的旋转量，数据以原始形式上传到 PC 主机，并得到校准。每根手指的指尖部分都配有一个具有高灵敏度的单区域压力传感器。力矩传感器用于测量肌腱之间的张力，传感器的分辨率为 30mN；该传感器的读数为零时意味着肌腱之间的张力为 0，读数不能进行校准。Shadow 灵巧手可以通过监控电机温度和电机电流来确保机器人安全可靠。

Shadow 机器人灵巧手采用电机驱动。每个关节都由一个单独的 Maxon 电机进行驱动，电机采用 PWM 方式进行调速，每个电机都配有独立的 PID 控制器用于控制灵巧手的肌腱张力和关节位置。

5. 哈尔滨工业大学仿人机器人灵巧手

2002 年，哈尔滨工业大学就研制成功国内第一个具有多感知功能的仿人机器人灵巧手，并达到了国内领先、国际先进水平，见图 8-24。经过十余年的升级改造，现在的灵巧手多了一个手指，共有 5 个手指，每个手指有 4 个关节、3 个自由度，而且更加小巧，功能更多，自由度更强。灵巧手是机器人的核心部件，它可以安装在机器人的手臂上，在复杂的太空环境和核生化等危险环境中，代替人类完成精确操作。

图 8-24　哈尔滨工业大学仿人机器人灵巧手

机械臂上灵巧手的目标是可以双手拧螺栓，现在已经完成了 90%。近几年，科研人员试图把灵巧手推向民用领域，他们打算让灵巧手为没有手掌的残疾人服务，把灵巧手安装到残疾人的胳膊上，通过贴在胳膊上的电极，识别残疾人的动作指示，残疾人想做什么，灵巧手就能做什么。目前，为残疾人服务的灵巧手已经可以实现抓取东西、拿钥匙开门、用勺子吃饭等动作。

6. ARMadillo 智能复合机器人

ARMadillo 智能复合机器人专为科研设计制作而成，见图 8-25，基于 ROS 机器人操作系统，身体部分采用可升降结构设计，具有一个移动底盘、一个六自由度的机械臂、一个两指抓手、两个 RGB-D 摄像头、一个激光雷达（4m，200°）、红外摄像头、触摸屏、扬声器、麦克风、超声测距仪（5m）等。ARMadillo 智能复合机器人重 80kg，臂长（不包括手指）75cm，长宽各 50cm，高度 110～150cm 可升降。最大移动速度为 1m/s，可以连续工作 2～4 小时。

图 8-25　ARMadillo 智能复合机器人

7. UR 轻量型机械臂

丹麦 Universal Robot 生产的 UR 机械手臂是一款低成本、轻量型、多用途的机械手臂，见图 8-26。该机械臂具有编程简单、可视化的控制界面，操作者无须具有丰富的编程经验即可在很短的时间内完成对整个机械臂的控制。

图 8-26　UR 轻量型机械臂

UR 采用了先进的安全反馈锁定技术、静音技术，使得机器人与操作者能在同一环境下进行友好的交互和协作。UR 轻量型机械臂具有编程简单、低成本、易于集成、支持 ROS 等特点。

8.5　仿人机器人技术

研创活动

- 研制仿人机器人的技术瓶颈有哪些？
- 如何控制仿人机器人的行走、奔跑、跳跃等姿态？
- 舵机结构如何构成？
- 舵机的控制原理是什么？
- 舵机在机器人中具有哪些具体应用？

1. 仿人机器人奔跑控制技术

在实现机器人的奔跑方面，面临着两大难题：一个是正确地吸收飞跃和着陆时的冲击，另一个是防止高速带来的旋转和打滑。

实现机器人的奔跑，要在极短的周期内无间歇地反复进行踢腿、迈步、着地动作，同时，还必须要吸收足部在着地瞬间产生的冲击。本田公司利用新开发的高速运算处理电路、高速应答/高功率马达驱动装置、轻型/高刚性的脚部构造等，设计、开发出性能高于以往 4 倍以上的高精度/高速应答硬件。

在足部离开地面之前的瞬间和离开地面之后，由于足底和地面间的压力很小，所以很容易发生旋转和打滑。克服旋转和打滑，成为在提高奔跑速度方面所面临的控制上的最大难题。对此，本田公司在独创的双足步行控制理论的基础上，积极地运用上半身的弯曲和旋转，开发出既能防止打滑又能平稳奔跑的新型控制理论。

由此，ASIMO 实现了时速达 6km、像人类一样的平稳直线奔跑。而且，步行速度也由原来的 1.6km/h 提高到 2.7km/h。另外，人类在奔跑时，迈步的时间周期为 0.2～0.4秒，双足悬空的时间（跳跃时间）为 0.05～0.1 秒。ASIMO 的迈步时间周期为 0.36 秒，跳跃时间为 0.05 秒，与人类的慢跑速度相同。

2. 舵机控制

（1）舵机

舵机是一种位置（角度）伺服的驱动器，适用于那些角度需要不断变化并可以保持的控制系统。目前，在高档遥控玩具如飞机、潜艇模型、遥控机器人、仿人机器人等中已经得到了普遍应用。

（2）舵机结构

舵机集成了直流电机、电机控制器和减速器等，并封装在一个便于安装的外壳的伺服单元，能够利用简单的输入信号精确地控制转动角度的电机系统。舵机安装了一个电位器（或其他角度传感器）检测输出轴转动角度，控制板根据电位器的信息能比较精确地控制和保持输出轴的角度。这样的直流电机控制方式称为闭环控制，所以舵机更准确地说是伺服马达，英文为 servo。

舵机的主体结构包括舵盘、上壳、减速齿轮组、中壳、电机、控制电路、控制线、下壳等，见图 8-27。

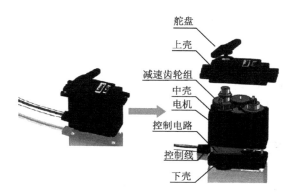

图 8-27　舵机的结构

舵机的外壳一般是塑料的，特殊的舵机可能会有金属铝合金外壳。金属外壳能够提供更好的散热，可以让舵机内的电机在更高功率下运行，以提供更高的扭矩输出。金属外壳可以提供更牢固的固定位置。

舵机的齿轮箱有塑料齿轮、混合齿轮、金属齿轮的差别。塑料齿轮成本低，噪声小，但强度较低；金属齿轮强度高，但成本高，在装配精度一般的情况下会有很大的噪声。小扭矩舵机、微舵、扭矩大但功率密度小的舵机一般都用塑料齿轮。金属齿轮一般用于功率密度较高的舵机上。混合齿轮在金属齿轮和塑料齿轮间做了折中，在电机输出齿轮上扭矩一般不大，用塑料齿轮。

（3）舵机控制原理

舵机是一个微型的伺服控制系统，具体的控制原理可以用图 8-28 表示。控制电路接收信号源的控制脉冲，并驱动电机转动；齿轮组将电机的速度以大倍数缩小，并将电机的输出扭矩放大相应倍数，然后输出；电位器和齿轮组的末级一起转动，测量舵机轴转动角度；电路板检测并根据电位器判断舵机转动角度，然后控制舵机转动到目标角度或保持在目标角度。

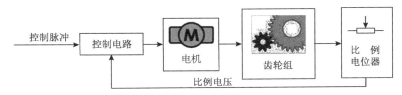

图 8-28　舵机控制原理

舵机工作流程：控制信号→控制电路板→电机转动→齿轮组减速→舵盘转动→位置反馈电位计→控制电路板反馈。舵机的控制信号是周期为 20ms 的脉宽调制（PWM）信号，其中脉冲宽度为 0.5～2.5ms，相对应的舵盘位置为 0°～180°，呈线性变化。

拓　展　资　料

百度网. 仿人机器人发展史[EB/OL]. (2018-08-01)[2018-08-15]. https://baijiahao.baidu.com/s?id=156579811 5804876&wfr=spider&for=pc.

百度网. 人形机器人[EB/OL]. (2018-08-01)[2018-08-15]. https://baike.baidu.com/item/人形机器人/4413535?fr= aladdin.

凤凰网. 日本机器人埃里卡将有独立意识4月出任电视新闻主播[EB/OL]. (2018-01-30)[2018-08-15]. http:// tech.ifeng.com/a/20180131/44865214_0.shtml.

机器人网. 世界上最酷的人形机器人[EB/OL]. (2016-06-13)[2018-08-15]. http://robot.ofweek.com/2016-06/ ART-8321203-8440-29106853.html.

搜狐网. 机器灵巧手还能做哪些事[EB/OL]. (2016-05-27)[2018-08-15]. https://www.sohu.com/a/77662228_ 355283.

搜狐网.高颜值机器人"佳佳"走红　原型来自中科大 5 位美女[EB/OL]. (2016-04-18)[2018-08-15]. http://news.sohu.com/20160418/n444636 814.shtml.

许华磊. "明星机器人"停止开发的启示[N]. 光明日报, 2018-07-12（03）.

中关村在线. 全球十大美女机器人盘点, 都是女神级别[EB/OL]. (2012-03-19)[2018-08-15]. http://news.zol. com.cn/590/5905763.html.

中国地质大学公开课: 人形机器人设计与制作[EB/OL]. (2018-08-01)[2018-08-15]. http://open.163.com/ special/ cuvocw/renxingjiqiren.html.

中国新闻网. 日本机器人女主播亮相 配备安卓系统[EB/OL]. (2014-06-27) [2018-08-15]. http://www.chinanews.com/cul/2014/06-27/6327928.shtml.

alpha Ebot 个性化智能教育机器人 [EB/OL]. (2018-08-01) [2018-08-15]. https://www.ubtrobot.com/cn/products/e-bot.

Alpha Ebot 体验[EB/OL]. (2018-08-01) [2018-08-15]. http://zhongce.sina.com.cn/report/view/3199/.

An open source cognitive humanoid robotic platform[EB/OL]. (2018-08-01) [2018-08-15]. http://www.icub.org/index.php.

ASIMO [EB/OL]. (2018-08-01) [2018-08-15]. https://en.wikipedia.org/wiki/ASIMO.

ASIMO[EB/OL]. (2018-08-01) [2018-08-15]. https://baike.baidu.com/item/ASIMO/1312513?fr=aladdin.

Atlas Unplugged: DARPA challenge robot gets major makeover[EB/OL]. (2015-01-22) [2018-08-15]. https://www.computerworld.com/article/2873656/atlas-unplugged-darpa-challenge-robot-gets-major-makeover.html.

cnBeta. 能唱会说也可以互动的机器人 Robothespian[EB/OL]. (2012-03-19) [2018-08-15]. https://www.cnbeta.com/articles/tech/177917.htm.

HRP-4C 机器人[EB/OL]. (2018-08-01) [2018-08-15]. https://baike.baidu.com/item/HRP-4C 机器人/4471407?fr=aladdin.

ICub[EB/OL]. (2018-08-01) [2018-08-15]. https://en.wikipedia.org/wiki/ICub.

iCub - Humanoid Platform[EB/OL]. (2018-08-01) [2018-08-15]. https://www.youtube.com/watch?v=ZcTwO2dpX8A.

kinova 轻量型仿生机械臂[EB/OL]. (2018-08-01) [2018-08-15]. http://www.verma-robot.com/kinova 轻量型仿生机械臂.

Kubi makes remote education simpler and more engaging for students, classes and teachers[EB/OL]. (2018-08-01) [2018-08-15]. https://www.revolve robotics.com/education.

Meet the multilingual robot newscaster with a very human face [EB/OL]. (2014-06-25) [2018-08-15]. https://www.engadget.com/2014/06/25/androids-humanoid-robots-newscaster.

Pepper[EB/OL]. (2018-08-01) [2018-08-15]. https://baike.baidu.com/item/Pepper/14190114?fr=aladdin.

Pepper robot[EB/OL]. (2018-08-01) [2018-08-15]. https://en.wikipedia.org/wiki/Pepper_(robot).

Petman[EB/OL]. (2018-08-01) [2018-08-15]. http://www.baike.com/wiki/Petman.

Poppy: 开源 3D 打印人形机器人[EB/OL]. (2014-04-18) [2018-08-15]. http://robot.ofweek.com/2014-04/ART-8321203-8110-28798936.html.

RoboThespian[EB/OL]. (2018-08-01) [2018-08-15]. https://www.engineeredarts.co.uk/robothespian/.

RoboThespian, with Will Jackson[EB/OL]. (2018-08-01) [2018-08-15]. https://robohub.org/robots-robothespian.

Sophia[EB/OL]. (2018-08-01) [2018-08-15]. https://baike.baidu.com/item/Sophia/20136368?fr=aladdin.

Teksbotics[EB/OL]. (2018-08-01) [2018-08-15]. http://www.teksbotics.com/products/robots/zh/portfolios/icub.

Videos:Super-Realistic Female Humanoid Actroid-F[EB/OL]. (2010-10-27) [2010-10-28]. https://techcrunch.com/2010/10/27/videos-super-realistic-female-humanoid-actroid-f/.

Welcome to RobotCub[EB/OL]. (2018-08-01) [2018-08-15]. http://www.robotcub.org.

附　　录

附录 1　教育机器人实验项目

序号	实验项目名称	类型	学时	实验性质	主要内容及目的要求	主要设备、工具
1	教育机器人竞赛项目设计	基础性	2	必做	1. 了解国内外机器人竞赛项目 2. 明确机器人竞赛的目的 3. 熟悉机器人竞赛的流程 4. 设计机器人竞赛方案 5. 提高组织机器人竞赛的能力	笔记本、机器人等
2	西觅亚虚拟机器人系统	综合性	2	必做	1. 学会安装西觅亚虚拟机器人系统 2. 熟练掌握虚拟机器人的系统功能	笔记本、西觅亚虚拟机器人系统软件等
3	乐高搭建软件（LEGO digital designer）	综合性	2	必做	1. 学会安装乐高搭建软件 2. 熟练掌握乐高搭建软件功能 3. 搭建乐高创意作品	笔记本、乐高搭建软件等
4	iRobotQ 3D 机器人在线仿真平台	综合性	2	选做	1. 安装 iRobotQ 3D 机器人在线仿真平台 2. 熟练掌握机器人在线仿真平台功能	笔记本、iRobotQ 3D 机器人在线仿真平台等
5	机器人教师教学案例设计	综合性	2	选做	1. 熟悉机器人教师产品功能 2. 运用机器人教师与教师协同开展教学 3. 提高机器人教师有效融入课堂教学能力 4. 设计一个运用机器人教师开展教学的案例 5. 理解机器人教师在教学中的角色	笔记本、机器人教师产品等
6	机器人技术等级考试	基础性	2	必做	1. 熟悉机器人技术等级考试标准或大纲 2. 掌握考取机器人技术等级考试证书需要具备的知识和技能 3. 能够针对机器人技术等级考试标准或大纲，设计开发机器人技术等级考试培训教材和培训课程	笔记本、机器人技术等级考试试题等
7	创意设计机器人创客教室	综合性	2	选做	1. 培养创意设计思维 2. 广泛调研机器人创客教室设计方案 3. 熟悉机器人创客教室的设计理念、布局、功能和特色等 4. 能够结合实际需求，创意设计实用性强、特色鲜明、情感化设计特征明显的机器人创客教室	笔记本、3D 设计软件、机器人等

序号	实验项目名称	类型	学时	实验性质	主要内容及目的要求	主要设备、工具
8	机器人开展创客教育案例设计	综合性	2	必做	1. 运用机器人开展创客教育的能力 2. 提高机器人教学案例设计能力 3. 掌握开展创客教育的基本流程	笔记本、机器人等
9	机器人开展STEAM教育案例设计	综合性	2	必做	1. 运用机器人开展STEAM教育的能力 2. 提高机器人教学案例设计能力 3. 掌握开展STEAM教育的基本流程	笔记本、机器人等
10	虚拟无人机飞行训练系统	综合性	2	选做	1. 安装虚拟无人机飞行训练系统软件 2. 熟练掌握虚拟无人机飞行训练系统软件功能 3. 提高无人机操控能力和操控技巧	笔记本、虚拟无人机飞行训练系统等
11	无人机航拍技术	综合性	2	选做	1. 理解无人机航拍的优势 2. 做好无人机航拍准备工作 3. 理解无人机航拍安全因素 4. 熟练掌握无人机航拍技术和艺术	航拍摄像机、无人机等
12	飞行教育机器人	综合性	2	选做	1. 掌握飞行教育机器人的结构和功能 2. 飞行教育机器人维修与维护 3. 运用飞行教育机器人开展教学的能力 4. 设计飞行教育机器人教学案例能力	笔记本、飞行教育机器人等
13	早教机器人设计与开发	综合性	2	选做	1. 深刻理解早教机器人设计理念 2. 掌握早教机器人设计流程 3. 提高早教机器人功能设计、外观设计、电路设计等创意设计能力	笔记本、3D软件、PCB设计软件等
14	PCB设计	综合性	2	选做	1. 安装PCB设计软件 2. 熟练掌握PCB设计软件的功能 3. 掌握PCB布局规则和布局技巧 4. 能够运用PCB设计软件，设计开发早教机器人软件	笔记本、PCB设计软件等
15	模块化机器人	综合性	4	必做	1. 全面了解模块化机器人产品 2. 熟练掌握模块化机器人产品功能 3. 能够运用模块化机器人开展机器人教育 4. 提高运用模块化机器人开展创客教育、STEAM教育、机器人教育、编程教育的能力 5. 提高运用模块化机器人开展物理、数学、通用技术、信息技术等学科教学能力 6. 能够实现模块化机器人与课堂教学有效融合	笔记本、乐高机械套装、乐高EV3套装、乐高WeDo2.0套装等
16	模块化教育机器人编程软件	综合性	4	必做	1. 学会安装模块化教育机器人编程软件 2. 熟练掌握模块化教育机器人编程软件功能 3. 运用模块化教育机器人编程软件开发程序，控制模块化教育机器人完成预定的任务 4. 能够运用模块化教育机器人编程软件开展编程教育 5. 设计模块化教育机器人编程软件教学案例	笔记本，Makeblock、EV3、WeDo2.0、Arduino、树莓派、Scratch等软件

附录 2　教育机器人大事记

1. 1985 年，上海第一机床厂从美国 HEATH 公司引进整套零件，组装成功"英雄一号"（HERO1）教育机器人，以满足国内学校机器人教学和有关单位科研的需要。

2. 1985 年，日本机器人学会出版《机器人和教育》特刊，引发了研究者对机器人教育概念及内涵的热烈讨论。

3. 1989 年，华中理工大学机械工程一系数控教研室研制成功汉- I 型智能教育机器人。

4. 20 世纪 90 年代初，乐高推出了一系列 DACTA 套件，可以在工程、结构、控制上帮助学习。

5. 1992 年开始，美国政府有关部门在全国高中生中推行"感知和认知移动机器人"计划，高中生可利用 70kg 重的一套零件，自行组装成遥控机器人，然后可参加有关的比赛。

6. 1994 年，麻省理工学院（MIT）设立了"设计和建造机器人"课程，目的是提高工程设计专业学生的设计和创造能力，尝试机器人教育与理科实验的整合。

7. 1994 年，教育机器人学创始人之一美国 Jake Mendelssohn 教授创办了全球最早教育机器人大赛——全球家用机器人灭火比赛。

8. 1996 年，天津职业技术师范学院开始引进日本的机器人教育经验，结合国情，在"电类"专业中增开了"小型机器人设计与制作"职业技能课程。

9. 1998 年，能力风暴（Abilix）在全球率先发布了第一台教育机器人。

10. 1998 年，乐高推出了"RCX 课堂机器人"系列，将乐高强大的积木式搭建系统、电脑编程和丰富的课堂活动有效地结合在一起。

11. 2000 年，北京东四九条小学开展机器人教学，自编了《青少年机器人初级教程——太空穿梭机 LOGO、QBASIC 语言编程》教材。

12. 2000 年，教育机器人学创始人之一恽为民博士创办了中国最早的机器人比赛——"能力风暴杯"中国教育机器人大赛。

13. 2000 年，北京市景山学校以科研课题的形式将机器人普及教育纳入到信息技术课程中，开展了中小学机器人课程教学。

14. 2000 年，恽为民博士建立了教育机器人学的理论体系，首次提出了通用行为结构理论，奠定了生物机器人学的理论基础。

15. 2001 年，上海市西南位育中学、卢湾高级中学等学校开始以"校本课程"的形式进行机器人活动进课堂的探索和尝试。

16. 2001 年，恽为民博士被美国三一学院授予教育机器人学国际领袖奖。

17. 2004 年，刘任平博士研制开发刘 SUNNY618 系列机器人。

18. 2006 年，乐高推出新一代 NXT 蓝牙教育机器人，这套全新组装型机器人全身布满了感应器，可以根据感应到的声音和动作做出适当反应，它对于光线和触觉的反应将更加灵敏。

19. 2009 年，日本东京理科大学小林宏教授就按照一位女大学生的模样塑造出机器人"萨亚"老师。

20. 2009 年 11 月，一批教授数学、自然科学和艺术课程的可编程机器人在韩国首尔的十所学校进行为期五周的教学。

21. 2012 年，Jake Mendelssohn 教授和恽为民博士发起并建立了世界教育机器人学会。

22. 2013 年，世界教育机器人学会创办了世界教育机器人大赛(world educational robot contest, WER)，志在全球范围内普及以教育机器人为平台的科技教育。

23. 2014 年，哈佛大学与都柏林三一学院发布柔性机器人工具箱(soft robotics toolkit)，包括柔性机器人设计、制造、建模、测试、实例研究等。

24. 2015 年，西觅亚科教集团和加拿大 Cogmation Robotics 软件实验室联合推出 SVR 虚拟机器人平台。

25. 2015 年，"福州造"的教育机器人在部分城市开始"内测"。2015 年 6 月，九江学院智能机器人创新空间利用"美女"机器人为学生进行讲课。

26. 2015 年，东北大学王宏带领团队开发的机器人"NAO"，为机械工程与自动化学院大四学生讲授了"机电信号处理及应用"课程。

27. 2015 年，教育部——乐高"创新人才培养计划"教师培训项目启动，在全国建立了华东师范大学、东北师范大学、江苏师范大学、西北师范大学、河南师范大学、云南师范大学、首都师范大学、齐鲁师范学院、陕西学前师范学院、广东第二师范学院 10个培训基地。

28. 2015 年，中国教育技术协会信息技术专业委员会举办了首届"全国中小学生网络虚拟机器人设计大赛"。

29. 2016 年 12 月 31 日，中国标准出版社出版《教育机器人安全要求》(GB/T 33265—2016)。

30. 2016 年 9 月，北京师范大学智慧学习研究院发布了《2016 全球教育机器人发展白皮书》。

31. 2017 年，中国科学院携手中科三合智能科技有限公司开发的"云葫芦"教育机器人已在部分城市的学校开始"内测"。

32. 2017 年 6 月，学霸君开发的智能教育机器人 Aidam 和成都准星云学科技有限公司开发的人工智能系统 AI-Maths，两名特殊的"考生"参与了高考。

33. 2017 年，日本软银集团和法国 Aldebaran Robotics 研发的仿人形机器人 Pepper 被早稻田福岛县的 Hisashi 高中录取，成为世界上首个和人类学生一同学习的机器人。

34. 2017 年，乐高发布新款编程机器人 LEGO Boost。

附录3　无人机专业术语

无人机(unmanned aircraft，UA)，是由控制站管理(包括远程操纵或自主飞行)的航空器，也称远程驾驶航空器(remotely piloted aircraft，RPA)。

无人机系统(unmanned aircraft system，UAS)，也称远程驾驶航空器系统(remotely piloted aircraft systems，RPAS)，是指由无人机、相关的控制站、所需的指令与控制数据链路及批准的型号设计规定的任何其他部件组成的系统。

无人机系统驾驶员，由运营人指派对无人机的运行负有必不可少职责并在飞行期间适时操纵无人机的人。

无人机系统的机长，是指在系统运行时间内负责整个无人机系统运行和安全的驾驶员。

无人机观测员，由运营人指定的训练有素的人员，通过目视观测无人机，协助无人机驾驶员安全实施飞行，通常由运营人管理，无证照要求。

运营人，是指从事或拟从事航空器运营的个人、组织或企业。

控制站(也称遥控站、地面站)，无人机系统的组成部分，包括用于操纵无人机的设备。

指令与控制数据链路(command and control data link，C2)，是指无人机和控制站之间为飞行管理之目的的数据链接。

感知与避让，是指看见、察觉或发现交通冲突或其他危险并采取适当行动的能力。

无人机感知与避让系统，是指无人机机载安装的一种设备，用以确保无人机与其他航空器保持一定的安全飞行间隔，相当于载人航空器的防撞系统。在融合空域中运行的XI、XII类无人机应安装此种系统。

视距内(visual line of sight，VLOS)运行，无人机在驾驶员或观测员与无人机保持直接目视视觉接触的范围内运行，且该范围为目视视距内半径不大于 500m，人、机相对高度不大于 120m。

超视距(beyond VLOS，BVLOS)运行，无人机在目视视距以外的运行。

扩展视距(extended VLOS，EVLOS)运行，无人机在目视视距以外运行，但驾驶员或者观测员借助视觉延展装置操作无人机，属于超视距运行的一种。

融合空域，是指有其他有人驾驶航空器同时运行的空域。

隔离空域，是指专门分配给无人机系统运行的空域，通过限制其他航空器的进入以规避碰撞风险。

人口稠密区，是指城镇、乡村、繁忙道路或大型露天集会场所等区域。

空机重量，是指不包含载荷和燃料的无人机重量，该重量包含燃料容器和电池等固体装置。

无人机云系统(简称无人机云)，是指轻小民用无人机运行动态数据库系统，用于向无人机用户提供航行服务、气象服务等,对民用无人机运行数据(包括运营信息、位置、高度和速度等)进行实时监测。接入系统的无人机应即时上传飞行数据,无人机云系统对侵入电子围栏的无人机具有报警功能。

  注:详见《民用无人机驾驶员管理规定》。

附录4　中国电子学会《全国青少年机器人技术等级考试标准(V3.0)》

一 级 标 准

科目：机械结构搭建、机器人常用知识。

形式：机械结构搭建采用实际操作的形式，机器人常用知识采用上机考试形式。

器材：

结构件：能够满足考试要求的结构件均可。

考核内容：

(一)实践

1. 基本结构认知，了解重心和重力的概念。

2. 掌握六种简单机械原理（杠杆、轮轴、滑轮、斜面、楔、螺旋）。

3. 了解齿轮和齿轮比的概念。

4. 了解链传动和带传动的概念。

5. 了解机器人常用底盘（轮式及履带）。

(二)知识

1. 了解主流的机器人影视作品及机器人形象。

2. 掌握稳定结构和不稳定结构的特性。

3. 掌握齿轮组变速比例的计算。

4. 熟练区分省力杠杆和费力杠杆。

5. 熟练区分哪种滑轮会省力。

6. 了解带传动和链传动各自的优缺点。

7. 了解不同种类的齿轮。

二 级 标 准

科目：机械结构搭建、机器人常用知识。

形式：机械结构搭建采用实际操作的形式，机器人常用知识采用上机考试形式。

器材：

结构件：能够满足考试要求的结构件均可。

电子部分：包含可控制电源通断的电池盒、电机及连接线即可。

考核内容：

(一)实践

1. 熟练连接独立的电池盒、开关以及电机。

2. 了解凸轮、滑杆、棘轮、曲柄、连杆等特殊结构。

3. 掌握电机的应用，能够连接电机完成一定任务，完成旋转、往复、摇摆等动作。

（二）知识

1. 了解中国及世界机器人领域的重要历史事件。

2. 了解机器人领域重要的科学家。

3. 了解重要的机器人理论及相关人物。

4. 掌握凸轮、滑杆、棘轮、曲柄、蜗轮蜗杆等特殊结构在生活中的应用。

5. 掌握如何区分不同的曲柄连杆机构。

6. 了解电机的工作原理。

7. 了解摩擦力的产生条件和分类。

8. 了解凸轮机构中从动件的运动轨迹。

三 级 标 准

科目：电子电路搭建、机器人常用知识。

形式：电子电路搭建采用基于面包板的实际操作形式，机器人常用知识采用上机考试形式。

器材及软件：

核心控制板：开源硬件控制板，包含硬件的原理图、引导程序（如果含）、操作系统（如果含）、开源的开发环境及源码。目前支持的控制板种类及型号，请至官方网站查询。

电子部分：与核心控制板配套的电子元件或模块。

开发软件：能够完成开源硬件控制板程序开发的免费软件即可。目前支持的软件种类及版本，请至官方网站查询。

考核内容：

（一）知识

1. 掌握电流、电压、电阻、导体、半导体等概念。

2. 掌握串联、并联的概念。

3. 了解模拟量、数字量、I/O 口输入输出等概念。

4. 了解电子电路领域的相关理论及相关人物。

5. 了解二极管的特性。

6. 掌握程序的三种基本结构。

7. 掌握程序流程图的绘制。

8. 掌握图形化编程软件的使用。

9. 掌握变量的概念和应用。

10. 了解函数的定义。

（二）电子电路

1. 掌握简单的串联、并联电路的连接。

2. 掌握搭建不同的 LED 显示效果电路的内容。

3. 掌握处理按键类型的开关输入信号的内容。

4. 掌握使用光敏电阻搭建环境光线检测感应电路的内容。

5. 掌握通过可调电阻控制 LED 的亮度变化的内容。

6. 掌握控制蜂鸣器发声的内容。

四 级 标 准

科目：机器人搭建、机器人常用知识。

形式：机器人搭建采用实际操作的形式，机器人常用知识采用上机考试形式。

器材及软件：

结构件：能够满足考试要求的结构件均可。

核心控制板：开源硬件控制板，包含硬件的原理图、引导程序（如果含）、操作系统（如果含）、开源的开发环境及源码。目前支持的控制板种类及型号，请至官方网站查询。

电子部分：与核心控制板配套的电子元件或模块。

开发软件：能够完成开源硬件控制板程序开发的免费软件即可。目前支持的软件种类及版本，请至官方网站查询。

考核内容：

四级内容标准是对前面三级内容的一个综合应用，相同的考核内容未在此列出。

（一）知识

1. 掌握数学（加减乘除）、比较（大于小于等于）及逻辑（与或非）运算。

2. 了解数值在二进制、十进制和十六进制之间进行转换。

3. 掌握驱动电机或伺服电机运转的内容。

4. 掌握已有的一些传感器功能函数的使用。

5. 熟练通过编程实现选择结构和循环结构。

6. 掌握函数的应用，能够完成自定义的函数。

7. 了解类库的概念。

8. 了解自律型机器人的行动方式。

9. 了解细分领域的机器人理论及相关人物。

10. 掌握较为合理的使用变量和自定义函数的内容。

（二）机器人搭建

这部分实践操作主要是搭建能够完成指定任务的机构，与语言程序设计中的内容有部分交集。

1. 掌握使用输出数字信号的传感器的内容，如灰度传感器、接近开关、触碰传感器。

2. 掌握使用输出模拟量信号的传感器的内容，如光线强度传感器。

3. 掌握使用输出数字脉冲信号的传感器的内容，如超声波测距传感器、红外遥控信号接收传感器。

4. 掌握驱动电机或伺服电机运转的内容。

5. 掌握数学（加减乘除）、比较（大于小于等于）及逻辑（与或非）运算。

6. 熟练应用控制器 I/O 口实现数字量输出。

7. 掌握控制机器人平台移动的内容。

8. 了解利用三极管完成控制电路通断的电路。

9. 掌握简单的自律型机器人制作（比如简单避障、单线条巡线）。

10. 熟练通过编程实现选择结构和循环结构。

11. 掌握函数的应用，能够完成自定义的函数。

五 级 标 准

科目：电子电路搭建、机器人常用知识。

形式：电子电路搭建采用实际操作的形式，机器人常用知识采用上机考试形式。

器材及软件：

核心控制板：开源硬件控制板，包含硬件的原理图、引导程序（如果含）、操作系统（如果含）、开源的开发环境及源码。目前支持的控制板种类及型号，请至官方网站查询。

电子部分：与核心控制板配套的电子元件或模块。

开发软件：能够完成开源硬件控制板程序开发的免费软件即可。目前支持的软件种类及版本，请至官方网站查询。

考核内容：

（一）知识

1. 了解集成电路、微控制器领域的知名产品，重大工程项目。

2. 了解并行通信与串行通信的优缺点。

3. 了解 ROM、RAM、Flash、EEPROM 多种存储器之间的不同。

4. 了解中断程序的运行机制。

5. 掌握一维数组及二维数组的应用。

6. 了解 I2C 总线通信。

7. 了解 UART 串行通信。

8. 了解 SPI 总线通信。

9. 掌握类库的应用。

10. 了解报文的含义和组成。

（二）电子电路搭建

1. 熟练使用数码管显示数字，会使用译码器功能的集成电路。

2. 掌握通过 I2C 总线通信获取传感器的值，如 I2C 总线的姿态传感器、RTC 实时时钟。

3. 掌握通过 I2C 总线通信控制芯片 I/O 口的输出，如使用芯片 PCA8574。

4. 掌握使用其他串行方式控制芯片 I/O 口的输出，如使用芯片 74HC595。

5. 掌握通过串行通信端口进行数据通信，如使用蓝牙模块或与计算机通信。

6. 掌握 LED 点阵或液晶的显示。

7. 掌握类库的应用。

六 级 标 准

科目： 机器人搭建、机器人常用知识。

形式： 机器人搭建采用实际操作的形式，机器人常用知识采用上机考试形式。

器材及软件：

结构件：能够满足考试要求的结构件均可。

核心控制板：开源硬件控制板，包含硬件的原理图、引导程序（如果含）、操作系统（如果含）、开源的开发环境及源码。目前支持的控制板种类及型号，请至官方网站查询。

电子部分：与核心控制板配套的电子元件或模块。

开发软件：能够完成开源硬件控制板程序开发的免费软件即可。目前支持的软件种类及版本，请至官方网站查询。

考核内容：

（一）知识

1. 了解中国及世界机器人领域的知名产品，重大工程项目。

2. 了解一些常见机器人的工作方式。

3. 了解步进电机、伺服电机的工作原理。

4. 掌握库文件编写。

5. 了解控制理论及 PID 控制。

6. 了解结构材料中强度和稳定的概念。

（二）机器人搭建

1. 掌握机械臂运转的控制。

2. 掌握机械夹持开合的控制。

3. 掌握将数据保存在 EEPROM 中的内容，保证机器人意外掉电时能够记录之前的状态。

4. 掌握十字路口的巡线动作。

5. 掌握走迷宫操作。

6. 掌握步进电机、伺服电机等器件的使用，能够利用它们完成特定的功能。

7. 掌握通过 WiFi 模块进行数据通信，如 ESP8266。

七 级 标 准

科目：机器人搭建、机器人常用知识。

形式：机器人搭建采用实际操作的形式，机器人常用知识采用上机考试形式。

器材及软件：

结构件：能够满足考试要求的结构件均可。

核心控制板：开源硬件控制板，包含硬件的原理图、引导程序（如果含）、操作系统（如果含）、开源的开发环境及源码。目前支持的控制板种类及型号，请至官方网站查询。

电子部分：与核心控制板配套的电子元件或模块，包含无线通信模块。

开发软件：能够完成开源硬件控制板程序开发的开源软件即可。目前支持的软件种类及版本，请至官方网站查询。

考核内容：

（一）知识

1. 掌握解释型编程语言的应用。

2. 了解多种编程语言的形式和特点。

3. 了解不同处理器之间的差别。

4. 了解常用 Linux 命令行操作。

（二）机器人搭建

掌握一个通过网页来控制的机器人的制作，服务器端运行在机器人上，可以控制机器人的移动以及机械臂的运动，同时机器人能够自己处理避障、防跌落的情况。

八 级 标 准

科目：机器人搭建、机器人常用知识。

形式：机器人搭建采用实际操作的形式，机器人常用知识采用上机考试形式。

器材及软件：

结构件：能够满足考试要求的结构件均可。

核心控制板：开源硬件控制板，包含硬件的原理图、引导程序（如果含）、操作系统（如果含）、开源的开发环境及源码。目前支持的控制板种类及型号，请至官方网站查询。

电子部分：与核心控制板配套的电子元件或模块，包含无线通信模块。

开发软件：能够完成开源硬件控制板程序开发的开源软件即可。目前支持的软件种类及版本，请至官方网站查询。

考核内容：

（一）知识

1. 了解常用嵌入式系统软件。

2. 了解进行语音处理的主要公司。

3. 了解常见的机器人操作系统。

4. 了解数据处理的内容。

5. 了解智能算法的内容。

(二)机器人搭建

1. 掌握非特定语音控制机器人的内容,机器人通过网络来处理语音信息。

2. 掌握让机器人跟随特定的颜色或物体进行移动的内容。

3. 掌握让机器人识别人类的面部表情并完成指定的任务的内容。

附录5　中国专业人才库《全国青少年机器人技术等级考试大纲》

《基础级一级考试大纲》

测评基本目标

一、知识目标

1. 通过观察与触摸认识物体的外部特征。

2. 了解生活中的一些常见结构。

3. 了解搭建材料的分类、基本性质与用途。

4. 初步了解结构装置中稳定性、平衡性、对称性、活动性等的含义和重要性。

5. 依据儿童的认知水平，并不是以组装模型为终点，而是通过各种活动获得思考能力的拓展和学到综合性的体验。

二、能力目标

1. 初步具有选择搭建材料的能力。

2. 能用简单工具完成搭建材料的基本连接。

3. 能搭建简单的结构模型，如沙发、床等。

4. 培养创新的、科学的思考能力、空间思维能力和注意力。

5. 具有初步的创新设计能力，如：外形结构设计能考虑到稳定性、功能性、美观性等。

6. 并能以创新的方式表达的能力。

7. 尊重自己，并能与他人和谐相处的能力。

三、情感目标

1. 有参与机器人运动的热情，有对机器人的好奇心和求知欲。

2. 具有探索和创新精神，能体验探索自然规律的艰辛与喜悦。

3. 具有团队协作、主动交流、互帮互学、尊敬师长的良好品德。

4. 将科技与艺术结合，对"美"产生兴趣，喜爱艺术体验。

《基础级二级考试大纲》

测评基本目标

一、知识目标

1. 通过观察与触摸认识物体的外部特征。

2. 了解生活中的一些常见结构。

3. 了解搭建材料的分类、基本性质与用途。

4. 杠杆、齿轮和齿轮比、动滑轮原理、齿轮减速原理、齿轮加传动轴原理。

5. 初步了解结构装置中稳定性、平衡性、对称性、活动性等的含义和重要性。

6. 依据儿童的认知水平，并不是以组装模型为终点，而是通过各种活动获得思考能力的拓展和学到综合性的体验。

二、能力目标

1. 初步具有选择搭建材料的能力。

2. 能用简单工具完成搭建材料的基本连接。

3. 能搭建简单的结构模型，如风车、旋转椅等。

4. 培养创新的、科学的思考能力、空间思维能力和注意力。

5. 具有初步的创新设计能力，如：外形结构设计能考虑到稳定性、功能性、美观性等。

6. 并能以创新的方式表达的能力。

7. 尊重自己，并能与他人和谐相处的能力。

三、情感目标

1. 有参与机器人运动的热情，有对机器人的好奇心和求知欲。

2. 具有探索和创新精神，能体验探索自然规律的艰辛与喜悦。

3. 具有团队协作、主动交流、互帮互学、尊敬师长的良好品德。

4. 将科技与艺术结合，对"美"产生兴趣，喜爱艺术体验。

《基础级三级考试大纲》

测评基本目标

一、知识目标

1. 通过观察与触摸认识物体的外部特征。

2. 了解生活中的一些常见结构，简单机械原理。

3. 齿轮和齿轮比、动滑轮原理、齿轮减速原理、齿轮加传动轴原理。

4. 杠杆、离心力原理。

5. 驱动电机的使用。

6. 了解搭建材料的分类、基本性质与用途。

7. 初步了解结构装置中稳定性、平衡性、对称性、活动性等的含义和重要性。

8. 依据儿童的认知水平，并不是以组装模型为终点，而是通过各种活动获得思考能力的拓展和学到综合性的体验。

二、能力目标

1. 具有选择搭建材料的能力。

2. 能用简单工具完成搭建材料的基本连接。

3. 能搭建简单的结构模型，如小型摩天轮、电动搅拌器等。

4. 培养创新的、科学的思考能力、空间思维能力和注意力。

5. 具有初步的创新设计能力，如：外形结构设计能考虑到稳定性、功能性、美观性等。

6. 并能以创新的方式表达的能力。

7. 尊重自己，并能与他人和谐相处的能力。

8. 了解电子结构件。

三、情感目标

1. 有参与机器人运动的热情，有对机器人的好奇心和求知欲。

2. 具有探索和创新精神，能体验探索自然规律的艰辛与喜悦。

3. 具有团队协作、主动交流、互帮互学、尊敬师长的良好品德。

4. 将科技与艺术结合，对"美"产生兴趣，喜爱艺术体验。

《基础级四级考试大纲》

测评基本目标

一、知识目标

1. 结合生活经验，大致了解动物或者交通工具的构造及运行特点。

2. 认知生活中的简单机械装置及特点。

3. 了解简单传动装置及特点，重点了解齿轮传动装置及其应用。

4. 了解搭建材料与搭建工具的分类、性质与用途。

5. 搭建机器人知道使其结构达到牢固、可靠和稳定的要求。

6. 了解常用电子元器件与主控器的连接方法。

7. 了解机器人的定义、种类和发展历程。

8. 了解编程平台。

9. 了解电机的作用。

10. 了解重心的含义。

11. 了解力的定义与力的三要素。

12. 了解步行机器人的移动原理。

13. 了解齿轮齿数与速度计算。

14. 了解电的流动与开关的作用。

15. 了解影响结构稳定性的要素。

16. 了解生活中能源的种类。

17. 了解声光特性的不同点。

18. 了解速度的计算。

19. 了解弹性势能的含义。

20. 了解惯性的含义。

21. 了解红外线传感器与声音传感器的使用方法。

二、能力目标

1. 初步具有选择搭建材料的能力。

2. 能合理选用和使用工具及元器件。

3. 能够模仿教师看图拼装各种结构件。

4. 能够设计与搭建一些生活中的简单机械。

5. 能够设计与搭建一些生活中的传动装置。

6. 能正确选用常见电子元器件和主控器，完成机器人的搭建任务。

7. 具有创新设计与搭建能力，能考虑到结构、外形等较多方面的因素。

8. 能利用重心原理搭建稳定的结构。

9. 能够搭建两足、四足、六足机器人。

10. 能够搭建简易的轮式机器人。

11. 能够制作壁障机器人。

12. 能够制作声控机器人。

三、情感目标

1. 有参与机器人运动的热情，有对机器人的好奇心和求知欲。

2. 具有探索和创新精神，能体验探索自然规律的艰辛与喜悦。

3. 具有团队协作、互帮互学、尊敬师长、文明守纪的良好品德。

《基础级五级考试大纲》

测评基本目标

一、知识目标

1. 了解机器人的分类方法，正确判断某种机械是否属于机器人。

2. 了解不同阶段机器人的特点。

3. 了解机器人的主要组成，了解机器人的相关技术与操作方法。

4. 初步了解模块化编程方法。

5. 了解各种搭建工具和元器件的功能。

6. 了解各种传动机械结构的使用。

7. 了解伺服电机的特点和作用。

8. 了解各种指示灯、显示和发声模块的基本特性和使用方法。

9. 了解常用传感器的作用及使用方法。

10. 了解控制器与程序的作用。

11. 了解接触传感器的原理与种类。

12. 了解蜂鸣器的原理。

13. 了解超声波与次声波的概念。

14. 了解二进制的含义与计算方法。

15. 了解滑轮的原理与种类。

二、能力目标

1. 能够完成简易机器人搭建任务。

2. 能够用模块化编程方法编写简单程序控制机器人的运行。

3. 能够手控对机器人进行操控。

4. 具有创新设计与搭建能力，能够综合考虑多方面的因素。

5. 能够根据任务要求选择传动机械结构完成机器人的搭建。

6. 能使用伺服电机对机器人实现简单控制。

7. 能初步使用声光模块实现声光信号的输出。

8. 能利用常用传感器实现简单编程控制。

9. 能够利用接触传感器制作机器人，如功能按钮、碰碰车、打地鼠游戏机等。

10. 能利用滑轮原理制作起重机。

三、情感目标

1. 熟悉机器人三大定律，正确看待人与机器人的关系。

2. 感受机器人搭建的乐趣，激发主动探究的意愿。

3. 具有设计、搭建、编程时的创新意识。

《专业级一级考试大纲》

测评基本目标

一、知识目标

1. 了解机器人未来的发展趋势。

2. 了解顺序结构、分支结构、循环结构等不同程序结构的特点。

3. 了解传感器的分类。

4. 初步了解代码编程的方法。

5. 了解机器人的基本运动形式。

6. 了解电池的基本原理，知道电池的种类和特点。

7. 了解直流电机、继电器和伺服电机的驱动原理与应用。

8. 了解常见传感器的分类与简单工作原理。

9. 了解万用表的使用方法。

10. 学会使用面包板制作简易电路，如串联、并联电路。

11. 了解二极管的作用。

12. 了解三极管的作用。

13. 了解电阻的含义与作用。

14. 了解串联与并联的含义与区别。

15. 了解 Arduino 等编程软件的安装方法。

16. 了解单片机 IO 口的原理与使用方法。

二、能力目标

1. 能初步选用不同类型的运动部件实现不同的运动形式。

2. 能采取节能措施，延长电池放电时间。

3. 能熟练使用直流电机、继电器和伺服电机控制机器人。

4. 初步具有在机器人上运用各种常用传感器的能力。

5. 掌握各种程序结构实现程序的编写。

6. 初步掌握 Arduino 语言的编写方法。

7. 熟练使用万用表等基本仪器对元件和电器进行检测。

8. 能够利用面包板制作简易电路。

9. 能够通过编程控制 IO 口的输入与输出。

三、情感目标

1. 具有勇于创新、勤于实践、善于思考的学习态度。

2. 培养设计、搭建、编程时的创新意识。

3. 具有团队协作、互帮互学、尊敬师长、服从裁判的良好品德。

《专业级二级考试大纲》

测评基本目标

一、知识目标

1. 了解智能机器人的基本工作原理和简单应用。

2. 能使用模块化编程方法编写简单程序。

3. 了解智能机器人的设计方法。

4. 了解智能机器人简单故障的一般检测方法。

5. 理解太阳能的工作原理。

6. 了解常用电动机的种类和原理。

7. 理解机器人相关电学知识，并可以制作简单电路。

8. 理解复杂传感器的工作原理及简单应用。

9. 了解 C 语言程序的基本编程方法。

10. 熟练掌握 Arduino 语言编写代码。

二、能力目标

1. 能使用机器人套装搭建机器人。

2. 能运用模块化编程方法编写机器人控制程序。

3. 初步具有规划设计智能机器人的能力。

4. 初步具有排除智能机器人简单故障的能力。

5. 知道电动机分为伺服电机、直流电机、步进电机等主要几类。

6. 能根据任务选择合适的传感器。

7. 能编写简单的 C 语言程序。

8. 能运用计算机语言编写简单程序，控制机器人基本动作(如循迹等)。

三、情感目标

1. 爱好机器人运动，具有勇于创新、勤于实践、善于思考的学习态度。

2. 具有安全意识、文明守纪、操作规范的职业素养。

3. 具有团队协作、互帮互学、尊敬师长、服从裁判的良好品德。

《专业级三级考试大纲》

测评基本目标

一、知识目标

1. 了解智能机器人的工作原理和一般应用。

2. 理解程序设计的基本方法。

3. 知道综合规划与设计智能机器人的一般方法。

4. 掌握智能机器人简单故障的一般检测方法。

5. 知道常见材料的特性和用途。

6. 简单了解数字信号和模拟信号的分类，以及在生活中的应用。

二、能力目标

1. 能自行规划设计机器人外形结构。

2. 能熟练运用模块化编程方法编写机器人控制程序。

3. 理解遥控器的原理，能运用遥控器控制机器人的常规运动。

4. 初步具有综合规划设计智能机器人的能力。

5. 能熟练排除智能机器人简单故障。

6. 初步学会根据设计方案选择合适的材料，并进行材料加工。

7. 能制作一个由传感器、控制器、电动机、传动机械等组成的机器人。

三、情感目标

1. 爱好机器人运动，具有勇于创新、勤于实践、善于思考的学习态度。

2. 具有安全意识、文明守纪、操作规范的职业素养。

3. 具有团队协作、互帮互学、尊敬师长、服从裁判的良好品德。

4. 具备创新精神、具有创新能力。

《专业级四级考试大纲》

测评基本目标

一、知识目标

1. 认识智能机器人的工作原理和综合应用。

2. 掌握程序设计的基本方法。

3. 掌握综合规划与设计智能机器人的方法。

4. 知道智能机器人常见故障的排除方法。

5. 认识二极管、三极管、电阻、电容的特性和作用。

6. 掌握机器人检测系统的基本组成及应用方向。

二、能力目标

1. 具备按照要求设计机器人架构的能力。

2. 具有根据问题编写程序并完成任务的能力。

3. 能自我搭建、操控和程控机器人完成综合任务。

4. 具有综合规划设计智能机器人的能力。

5. 能分析和排除智能机器人常见故障。

6. 掌握调试电路的方法，能制作简单电子制品。

三、情感目标

1. 爱好机器人运动，具有勇于创新、勤于实践、善于思考的学习态度。

2. 具有安全意识、文明守纪、操作规范的职业素养。

3. 具有团队协作、互帮互学、尊敬师长、服从裁判的良好品德。

4. 具有创新精神，具备主动思考问题、主动解决问题的能力。

《专业级五级考试大纲》

测评基本目标

一、知识目标

1. 掌握机器人硬件的基本原理。

2. 理解结构的基本概念，知道其主要的类型。

3. 知道流程的含义以及流程对生产生活的意义。

4. 知道系统的含义以及系统对生产生活的意义。

5. 知道控制的含义，认识控制对人类的意义。

6. 掌握智能机器人常见故障的检测方法。

7. 掌握常用透视图的种类和特点。

8. 学会读识简单三视图的方法。

9. 学会简单三维图形的绘画、组合和修改。

10. 了解常见材料的特性和用途。

11. 掌握代码编程的方法，学会使用代码编写控制程序。

12. 认识模拟与数字信号的应用及产生过程。

13. 了解常见遥控系统的组成、分类及其应用。

14. 学习运用存储设备、电能方式存储信息的设备。

二、能力目标

1. 能简单对机器人的结构进行受力分析。

2. 能够根据需求规划机器人的结构。

3. 能够设计实现功能的流程，能分析和优化流程。

4. 能根据机器人各系统的作用及联系设计出稳定高效的系统。

5. 能熟练分析和排除智能机器人常见故障。

6. 具有较强的机器人综合创新设计能力。

7. 学会简单三维图形的绘画、组合和修改。

8. 学会根据设计需求选择材料进行加工。

9. 能判断基本门电路类型。

10. 能用数字集成电路安装简单的实用电路装置。

11. 能用集成电路设计和安装简单的遥控系统，并进行调试。

12. 掌握运用简单算法指导编程的方法，能用流程图降低编程难度。

13. 学会用计算机软件绘画和设计简单的电路图。

14. 运用智能机器人技术、语音识别技术、壁障机器人技术、机器人互联技术、DMS系统运动传感器、红外阵列传感器。

三、情感目标

1. 具有勇于创新、勤于实践、善于思考、尊重科学的学习态度。

2. 具有安全意识、文明守纪、操作规范的职业素养。

3. 具有团队协作、互帮互学、尊敬师长、服从裁判的良好品德。

《助理机器人设计师考试大纲》

测评基本目标

一、知识目标

1. 掌握机器人检测系统的相关知识。

2. 学会对比使用各种不同的平面连杆机构来实现机械传动。

3. 理解常见舵机等器件的基本原理。

4. 知道各种机器人的基本特征，学会搭建各种基本形态的机器人。

5. 认识伺服电机和学会简单的编程。

6. 了解机器人程序的基本编程方法。

7. 知道智能机器人疑难故障的检测方法。

8. 了解计算机复杂软件，并能使用软件完成简单设计。

9. 了解三视图、三维空间坐标。

10. 了解制作各种仿生机器人的基本结构。

二、能力目标

1. 能对机器人的检测系统进行分析。

2. 能够分析机器人的结构功能，从而选择相应的机械传动去实现相关功能。

3. 能够利用不同的平面连杆机构实现机器人的不同动作。

4. 能够在传感器中合理使用机器人互联原理。

5. 通过对舵机的编程，运用程序实现控制机器人相应的功能。

6. 能编写计算机程序语言。

7. 能够熟练地操作各种基本竞赛机器人，完成相应竞赛任务。

8. 能分析和排除智能机器人疑难故障。

9. 能够分析伺服电机的基本结构并对电路进行优化。

10. 运用所学知识，搭建机器人手臂，运用机器人手臂与神经结构相连通。

11. 利用电能方式存储信息的设备、随机存取存储器。

12. 运用机器人动静态步伐知识、运用语音识别技术。

13. 仿生学研究。

三、情感目标

1. 具有勇于尝试、敢于创造、善于分析、不怕吃苦的探究精神。

2. 具有安全意识、文明守纪、操作规范的职业素养。

3. 具有团队协作、互帮互学、尊敬师长、服从裁判的良好品德。